Cook50227

安安台北小日常！ 1 個人的下班料理

韓劇小菜、和風飯麵、西式輕食等 YouTube 頻道詢問度超高料理，分享調味料評比、必備烹飪神器

作者｜張安安
攝影｜林宗億
美術｜許維玲
編輯｜彭文怡
校對｜翔縈
企畫統籌｜李橘
總編輯｜莫少閒
出版者｜朱雀文化事業有限公司
地址｜台北市基隆路二段 13-1 號 3 樓
電話｜ 02-2345-3868
傳真｜ 02-2345-3828
e-mail ｜ redbook@ms26.hinet.net
網址｜ http://redbook.com.tw
總經銷｜大和書報圖書股份有限公司　（02）8990-2588
ISBN ｜ 978-626-7064-33-7
初版一刷｜ 2022.11.15
定價｜ 480 元
出版登記｜北市業字第 1403 號

國家圖書館出版品預行編目

安安台北小日常！1個人的下班料理：韓劇小菜、和風飯麵、西式輕食等YouTube頻道詢問度超高料理，分享調味料評比、必備烹飪神器／張安安著
初版.台北市：朱雀文化，2022.11
面：公分（Cook50：227）
ISBN 978-626-7064-33-7（平裝）
1.CST：食譜 2.CST：烹飪

427.1

安安台北小日常！1個人的下班料理

韓劇小菜、和風飯麵、西式輕食等
YouTube 頻道詢問度超高料理，
分享調味料評比、必備烹飪神器

張安安◎著

朱雀文化

人生很難，菜要簡單

序

還記得第一次一個人住，買了個最便宜的快煮鍋，在小小的房間裡切著馬鈴薯，就這樣開始了自己煮。就像在做化學實驗，看著食譜上的比例加醬油和水。從此，月底的時候、減肥的時候、路過超市特價的時候，就是我開伙的日子。

我才發現，只是一鍋滾水，能變出的料理就有成百上千。馬鈴薯燉肉的湯頭，一開始得鹹一點；無論什麼炊飯，米和水的比例都沒有變。我才知道，好不容易煮出了喜歡的口味，第一口嚐到的那瞬間，小小的驚喜，多麼讓人雀躍。

慢慢地，我開始愛上煮飯。不管白天有再多紛擾，只要開了火，就必須暫時專心，否則一個不注意，不是太鹹，就是燒焦。在那短短的幾十分鐘，小小的火光暖著心頭，一陣手忙腳亂，煩惱也忘記了一大半。切顆洋蔥、拍幾粒蒜頭，生活的不得已，都能溶解在一鍋熱湯裡。

後來，搬到了大一點的家，擁有一個小廚房，我更常煮飯。每次聞到隔壁又在大火爆香，我就趕快進廚房跟他尬一下。只要油和蒜頭下去了，基本上沒什麼會不好吃的。就這樣，從菜鳥煮到了得心應手；從一個人煮到了朋友都來搭伙，一起吃火鍋跨年、做鬆餅過聖誕節；煮出了時光，燉出了歲月。

煮了這麼多菜，我人生的轉捩點，只是一盤九層塔煎蛋。那年過年，所有人都回了老家，只有我留在台北。有天早上，天氣很冷，冰箱剩下九層塔和幾顆蛋，我決定做一頓早餐。平常日子太忙，因為喜歡拍影片，所以假日和下班都接了許多案件。不知怎麼突然想著，我總是拍著別人的人生，卻沒想過拍自己的生活。是無心插柳，還是水到渠成？是一盤九層塔煎蛋，還是過年沒地方買菜？總之，我的人生，從那時起，開啟了一扇小小的窗。那扇窗外，照進了溫暖的陽光。

一道料理，有一個故事。大火快炒，才更好吃。無數的故事，熬成了這一本書；多少人的努力，築起了這小小的夢。謝謝一路走來支持我的人，是你們，陪我走到了今天。還有我最愛的媽媽，一直牽著我的手，帶我走過風風雨雨。這本書裡，也寫下了媽媽的拿手菜，是我從小吃到大的好味道。我相信，這是一本會帶來幸運的食譜書，因為料理這件事，本身就充滿幸福。

張安安 An

烹調本書料理之前

想在自家的小廚房開伙，或是在租屋處以電鍋、小烤箱、氣炸鍋和安安吃同款料理嗎？今天就能開始做，但在烹調本書的食譜之前，建議讀者們先閱讀以下說明事項再操作！

1 標明難易度、油煙度

安安以個人烹調的經驗，在每道食譜都標上製作的難易度，以及製作時會產生的油煙度。讀者們可依自己的做菜技巧和廚房環境，選擇適合的料理製作。難易度和油煙度分別以「★」和「ᔑ」標示：

「★☆☆」＝簡單，零經驗料理小白也不用怕。

「★★☆」＝中等，要處理多一點食材。

「★★★」＝稍難，需要特別注意火候。

「ᔑᔑᔑ」（三個淺色）＝零油煙，烹調時較不會產生油煙。

「ᔑᔑᔑ」（一深兩淺）＝少量，烹調過程中有部分會產生少量油煙。

「ᔑᔑᔑ」（兩深一淺）＝中等，烹調過程中產生油煙的時間稍長。

「ᔑᔑᔑ」（三個深色）＝稍多，多為肉類、海鮮或注重爆香的料理，較重口味。

2 依個人食量準備食材

PART1 ～ 5 的料理以 1 人份食材為主，但因每個人的食量稍微不同，因此讀者可斟酌增減。此外，若家中是 2 人小家庭，只要將食材份量加倍即可，但調味料仍以個人口味調整。

3 就近購買食材

為了方便省時，食材大多在全聯福利中心、連鎖超市或超商購買。此外，如果非當季或臨時買不到食材，也可以置換食材。

4 調味料份量斟酌使用

每道菜中只要加入一點調味料，更能達到畫龍點睛的效果。但因為每個人喜愛的甜鹹辣苦程度、飲食習慣不同，書中的調味料份量僅供參考，讀者可以略微調整。

5 加一點裝飾更增加食慾

為了更美化成品圖，除了寫明的食材外，會加入一些裝飾食材，讀者可以不必加入。但每道料理若能加點裝飾，除了口味，相信更是視覺上的享受。

目錄 Contents

懶人快手飯麵
PART4

一鍋到底佳餚
PART5

私房宴客好菜
PART6

這裡將書中所有料理以「油煙度」區分，方便外宿的人或烹調過程中不喜歡油煙味的讀者選擇。油煙度說明可見 p.3。

零油煙

油煙度

油煙度 SSS

油煙度 SSS

操作前先看這，烹調零失敗！

1. 書中使用的量匙：
   1 大匙（1tbs、1T）＝ 15ml、15c.c.；
   1 小匙（1tsp、1t）＝ 5ml、5c.c.。
   液體：1ml ＝ 1c.c.。
2. 1 杯量米杯的量，大約可以煮出 2 碗的飯。
3. 所有食材使用前，必須清洗乾淨。
4. 材料中的油若無特別說明，可用沙拉油或橄欖油。
5. 若使用大烤箱，使用前先預熱約 10 分鐘，以達到食譜所需溫度，且預熱完必須立刻烹調。小烤箱的話，使用前也請依照各廠牌使用方式，簡單預熱 3 ～ 5 分鐘。

PART 1 料理新手必學

省時省力又省錢的新手必備料理，零廚藝也可以駕馭。看似簡單，竟然全都好吃到不行，尤其是安安私藏的酥皮點心、媽媽傳授的麻油麵線煎……都是突然肚子餓時的大救星。簡單的食材、簡單的廚藝，只要會開火就不會失敗的好料都收錄在這裡。新手小白趕快打開冰箱，開始動手做吧！

香煎雞蛋豆腐

難易度 ▶ ★☆☆　油煙度 ▶ ≈≈≈

■ **材料**

· 雞蛋豆腐 1 盒
· 蒜末適量

〈醬料〉

· 辣椒末適量
· 蔥花適量
· 熟白芝麻適量
· 醬油 1 大匙

■ **做法**

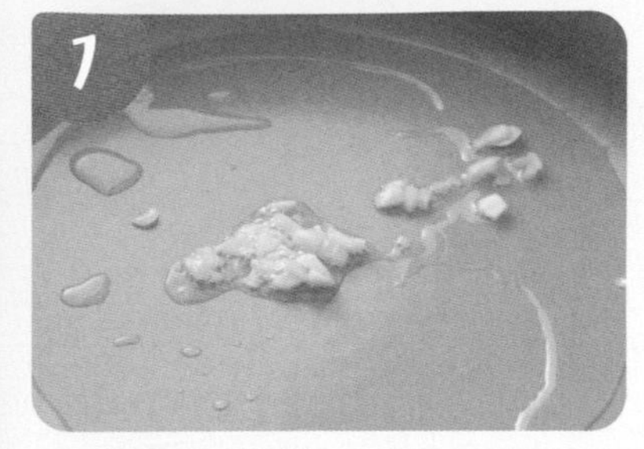

將油倒入鍋中熱油，放入蒜末爆香。

將切成片的豆腐排入鍋中，煎 5 ～ 10 分鐘至表面呈金黃。

翻面再煎約 5 ～ 10 分鐘，煎至豆腐兩面都呈金黃色。

將煎好的豆腐小心地排入容器中。

將醬料的材料混勻後，慢慢淋在煎豆腐上面即可。

1. 煎的時間會因火力、油量、豆腐厚度而不同，煎至表面呈金黃色即可。此為小火慢煎的時間。
2. 醬料可依個人口味調整鹹度，若覺得醬油太鹹，可加上飲用水調整鹹度。

金針菇煎蛋

難易度 ▶ ★☆☆　**油煙度** ▶

■ **材料**

· 金針菇碎約 75 克
· 雞蛋 2 顆
· 鹽適量
· 蒜末適量

〈**醬料**〉

· 辣椒末適量
· 蔥花適量
· 熟白芝麻適量
· 醬油 1 大匙

■ 做法

1 金針菇切碎。

2 將雞蛋打入容器中，加入金針菇碎稍微拌一下。

3 加入適量鹽，混勻成金針菇蛋液。

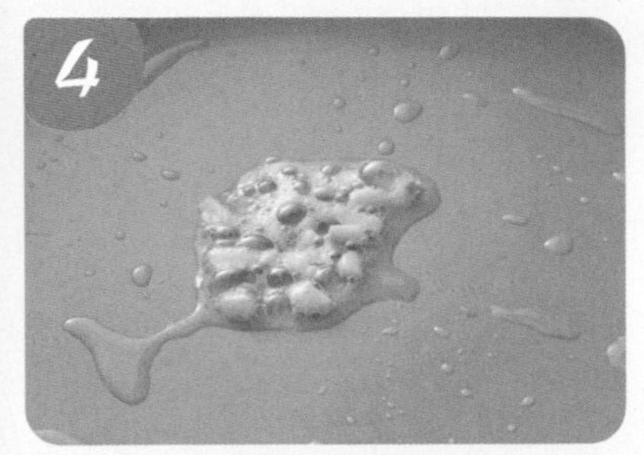

4 將油倒入平底鍋中熱油，放入蒜末爆香。

5 倒入金針菇蛋液煎熟。

6 翻面煎至兩面都熟了，並且呈金黃色。食用時，可搭配拌勻的沾醬享用。

1. 用醬油、蔥花、辣椒末、芝麻混合成沾醬，沾著吃，十分好吃。
2. 醬料可依個人口味調整鹹度，如果覺得醬油太鹹，可加上飲用水調整。

洋蔥圈鮪魚玉米餅

難易度 ▶ ★☆☆　油煙度 ▶

■ **材料**

- 洋蔥 1 顆
- 鮪魚罐頭 1 罐
- 罐頭玉米適量
- 麵粉 1 碗
- 雞蛋 1 顆
- 鹽 1/2 小匙
- 胡椒粉少許

■ **做法**

將罐頭鮪魚、罐頭玉米瀝乾，放入大容器中。

加入適量麵粉、胡椒粉、鹽。

攪拌均勻至黏稠狀，即成鮪魚玉米餡。

取出切成圈狀的洋蔥，填入鮪魚玉米餡，稍微壓實、塑形平整，餡料比洋蔥圈高出一些更容易填入。

將雞蛋打入容器中，攪拌均勻。

將蛋液刷在洋蔥圈鮪魚玉米餅的兩面。

將油倒入鍋中熱油，放入洋蔥圈鮪魚玉米餅，以小火煎至兩面都呈金黃色即可。

冰花煎餃

難易度 ▶ ★★★　油煙度 ▶ ∫∫∫

■ **材料**

· 市售煎餃或鍋貼 10 個
· 低筋或中筋麵粉 1 大匙

〈醬料〉

· 蒜末
· 辣椒末適量
· 蔥花適量
· 熟白芝麻適量
· 醬油 1 大匙

■ **做法**

將麵粉、冷水以 1：9 的比例混合拌勻成麵粉漿。

3

煎餃不用解凍，以放射狀排放入平底鍋中。

用刷子在平底鍋中塗滿油。

倒入半杯常溫水，水的高度約至煎餃高度的 1/4 高。

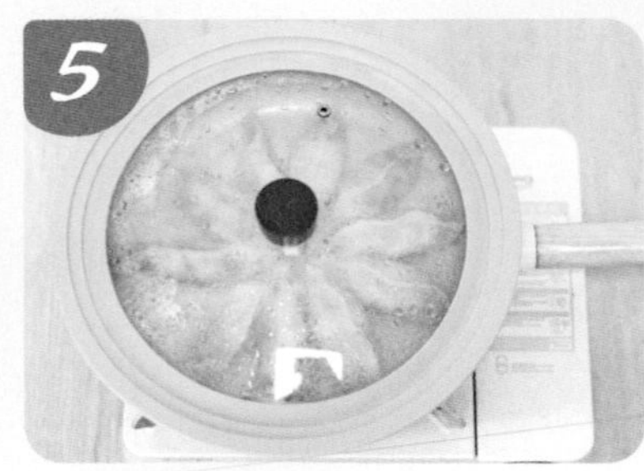

蓋上鍋蓋，開中小火煮 5～10 分鐘，將煎餃燜熟。

麵粉漿再次拌勻，倒入煎餃之間的空隙，薄薄一層即可，不用太多。

開大火加熱，看到冒出泡泡，當周圍開始出現焦糖色的冰花，轉小火收乾。食用時，可搭配沾醬享用。

1. 做法 5 中先把煎餃稍微燜熟，可避免製作冰花時煎餃還沒熟。
2. 最後開大火不用開太久，看到焦糖色冰花出現即可轉小火。

九層塔起司蛋餅

難易度 ▶ ★☆☆　油煙度 ▶ ∫∫∫

■ **材料**

- 九層塔 1 把
- 培根 1 片
- 雞蛋 2 顆
- 蛋餅皮 1 張
- 起司片 1 片
- 醬油膏 1 大匙

■ **做法**

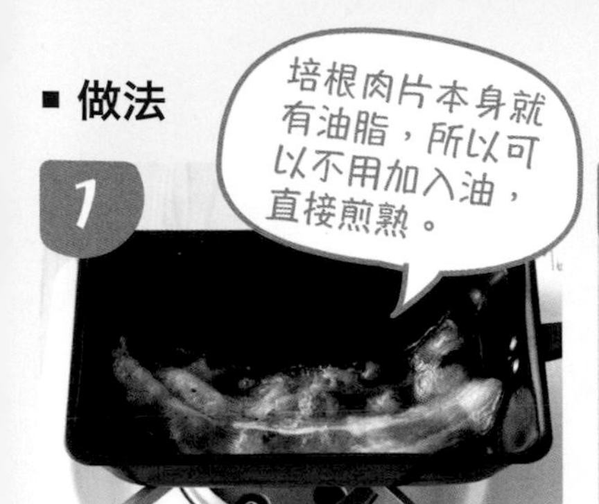

將培根放入鍋中煎熟，備用。

雞蛋打入容器中，加入切碎的九層塔拌勻成九層塔蛋液。

將油倒入鍋中熱油，倒入九層塔蛋液。

立刻鋪上蛋餅皮，並稍微壓實，略煎一下。

小心地將蛋餅整個翻面。

將煎熟備用的培根片、剪成長方形的起司片依序鋪排在蛋餅上。

以鍋鏟或木匙輔助，整個捲起成蛋餅即可。

饅頭夾蛋

難易度 ▸ ★★★ 油煙度 ▸

■ **材料**

- 雞蛋 2 顆
- 蒸好的饅頭 2 個
- 蔥花適量
- 辣椒醬適量

■ 做法

將雞蛋打入容器中，攪拌均勻成蛋液。

蛋液和蔥花拌勻成蔥花蛋液。

將蔥花蛋液倒入玉子燒鍋中，煎成金黃的蔥花蛋。

饅頭放入電鍋中蒸熟，取出從中間橫切開。

將蔥花蛋夾入饅頭中。

以湯匙抹入些許辣椒醬即可。

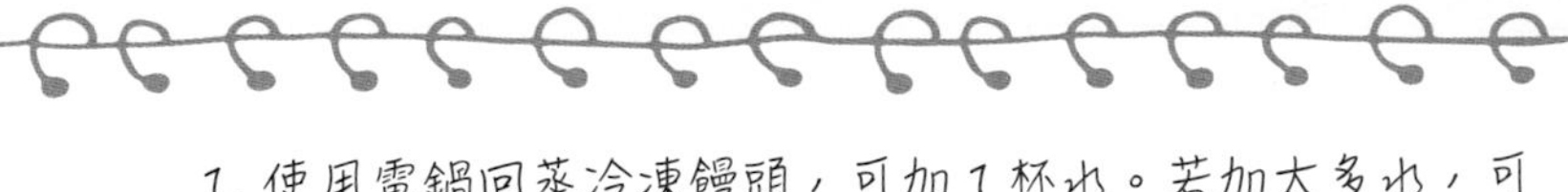

1. 使用電鍋回蒸冷凍饅頭，可加 1 杯水。若加太多水，可能導致饅頭皮變得軟塌。
2. 電鍋回蒸冷凍饅頭，等開關跳起蒸好時，繼續燜 5 ~ 10 分鐘再開蓋，這樣饅頭的口感更 Q 嫩。若保溫太久，饅頭會失去水分，變得乾硬，口感不佳。

非油炸日式可樂餅

難易度 ▶ ★★★　油煙度 ▶

■ 材料

· 馬鈴薯 2 顆
· 火腿 2 片
· 起司 1~2 片
· 雞蛋 1~2 顆
· 麵包粉適量
· 麵粉適量
· 鹽 1 小匙
· 裝飾用生菜適量
· 蕃茄醬適量

■ 做法

馬鈴薯削除外皮，放入電鍋中蒸熟。

將蒸熟的馬鈴薯壓碎成泥，並加入 1 小匙鹽混合均勻。

將油倒入鍋中熱油，放入火腿丁炒香。

將適量馬鈴薯泥揉成圓形並壓扁，注意馬鈴薯泥不要太厚，放上火腿丁、起司片。

包成一顆圓球形狀，再將整顆馬鈴薯球均勻裹上薄薄的麵粉，利於蛋液附著。

雞蛋打散，拌勻成蛋液，放入馬鈴薯球均勻沾裹蛋液。

均勻沾裹一層厚厚的麵包粉。

以 200°C 氣炸約 7 分鐘，翻面再氣炸約 3 分鐘，至兩面呈金黃色即可。

馬鈴薯球沾裹麵粉、蛋液後，再厚厚包裹麵包粉，氣炸或烘烤後才會看起來像酥炸的效果。

馬鈴薯籤餅

難易度 ▶ ★☆☆　油煙度 ▶ ≋≋≋

■ **材料**

- 馬鈴薯 2 顆
- 胡蘿蔔 1/2 根
- 麵粉 2 大匙
- 鹽 1 小匙
- 白胡椒粉 1 小匙

■ 做法

馬鈴薯削除外皮後洗淨。

將馬鈴薯削成籤，放入容器中，再加入削成籤的胡蘿蔔。

加入麵粉。

加入白胡椒粉、鹽，抓拌均勻成籤餅糊。

將籤餅糊分成一個個適當的大小，放入已熱油的平底鍋中，壓平後開始煎。

一面呈金黃色後，翻過來煎另一面，煎至兩面都呈金黃色即可。

1. 加入麵粉是為了讓馬鈴薯籤、胡蘿蔔籤更易黏著在一起，因此不用加太多。若是沒有麵粉，只要可以煎至定型，不加麵粉也無妨。
2. 馬鈴薯籤放久了會氧化變色，因此現削現做，成品的顏色才會呈現漂亮的金黃色喔！

酥皮鹹派

難易度 ▶ ★☆☆　油煙度 ▶ ⟆⟆⟆

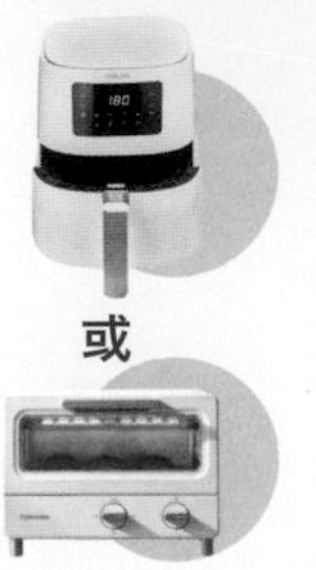

■ 材料

- 市售酥皮 1 片
- 雞蛋 1 顆
- 德式香腸 1/2 條
- 小蕃茄數顆
- 小蘑菇數朵
- 黑胡椒適量

■ 做法

先在烤盤上均勻地抹一層油。

將酥皮輕輕鋪在烤盤上。

將雞蛋打入容器中，攪拌均勻成蛋液。

酥皮表面刷上些許蛋液，放入氣炸鍋或烤箱，以中高溫火（180°C）烤約7～8分鐘。

取出，用叉子在酥皮中間戳一個洞。

放入切片的德式香腸、小蕃茄和小蘑菇。

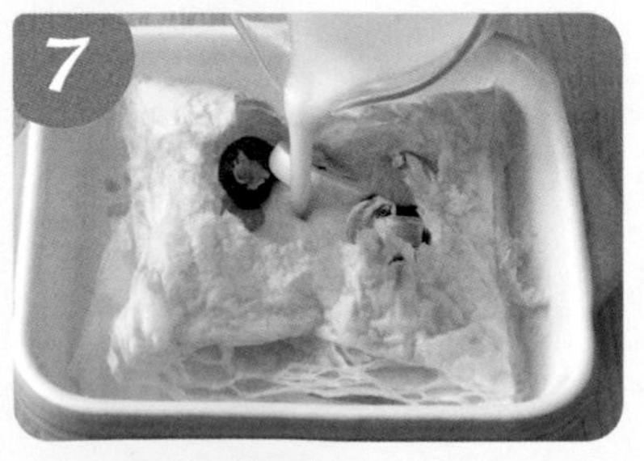

倒入剩下的蛋液，放入氣炸鍋或烤箱，以中高溫火 180°C 烤約 5 分鐘即可。

1. 做法 1 中先在烤盤上抹油，是為了最後可以順利拿起酥皮成品，避免沾黏。
2. 因為德式香腸已有鹹度，所以不用再加鹽。

法式吐司

難易度 ▸ ★★★　油煙度 ▸

■ **材料**

- 對切吐司 3 片
- 砂糖 1 小匙
- 奶油 1 小塊
- 雞蛋 2 顆

■ 做法

雞蛋倒入容器中，攪拌均勻。

將 1 小匙砂糖倒入蛋液中拌勻。

每一片吐司放入蛋液中，兩面都要均勻沾裹蛋液。

平底鍋燒熱，放入奶油融化。

放入吐司片，煎至兩面都呈金黃色。

將所有吐司都一樣沾裹蛋液，煎至兩面都呈金黃色即可。

法式吐司最早並不是稱作「法式吐司」。相傳這道料理的發明，是因為人們不想浪費乾掉的麵包，但又覺得口感不好，所以就把麵包浸泡在牛奶或蛋液中，再拿去煎炸，變成一道好入口的料理。因此，在法文中，「法式吐司」叫做 Pain Perdu，是「要丟掉的麵包」。沒想到，要丟掉的麵包，卻因為簡單的食材，找到了新的生機呢！也有人會將吐司浸泡蛋液一整晚，讓吐司吸收滿滿的蛋液，隔天再拿出來油煎，也是讓這道料理變得更美味的小祕訣喔！

雞蛋沙拉三明治&馬鈴薯沙拉

難易度 ▶ ★☆☆　零油煙 ▶

■ **材料**

- 雞蛋 2 顆
- 吐司 2 片
- 馬鈴薯 1 ～ 2 顆
- 胡蘿蔔 1/5 根
- 小黃瓜 1/5 根
- 蛋黃美乃滋適量
- 黑胡椒適量

■ **做法**

每片吐司切掉吐司邊，吐司邊可以直接吃掉。

馬鈴薯削除外皮，放入電鍋中蒸熟，放入保鮮袋壓成泥。

煮好水煮蛋，剝掉蛋殼。

將水煮蛋放入保鮮袋中捏碎。

將雞蛋放入容器中，加入蛋黃美乃滋拌勻成蛋沙拉。

將馬鈴薯泥、蛋沙拉混合，加入少許煎過的胡蘿蔔末、小黃瓜末，撒上黑胡椒，即成馬鈴薯蛋沙拉。

將吐司排開，兩片吐司抹上蛋沙拉後蓋上，再對切成三角形，即為蛋沙拉三明治。

Ann's Tips

1. 除了抹上雞蛋沙拉，也可以換上馬鈴薯雞蛋沙拉，更添口感。
2. 市售美乃滋有很多種，要買的是蛋黃醬或蛋黃美乃滋，製作的蛋沙拉最好吃順口。蛋沙拉非常百搭，搭吐司、馬鈴薯泥都超級好吃。也可以搭配雞肉、生菜享用，怎麼吃都美味。

麻油麵線煎

難易度 ▶ ★★★　油煙度 ▶ SSS

■ 材料

- 鹹麵線 2 坨
- 雞蛋 2 顆
- 麻油 3 大匙
- 薑適量

■ 做法

煮一鍋熱水，放入麵線燙軟後立即撈起，瀝乾水分。

將雞蛋打入容器中，攪拌均勻成蛋液。

將麻油倒入鍋中熱油，放入薑絲，以小火煸香。

放入麵線，用筷子將麵線鋪平，以小火煎至底部焦黃，再翻面煎至呈金黃色，即成麵線煎餅，盛入盤子。

將拌勻的蛋液倒入鍋中，煎至稍微凝固。

立即放上剛剛煎好的麵線煎餅，等蛋液煎熟即可盛盤。

如果購買的是沒有調味的麵線，可在蛋液中加入些許鹽調味，也可在做法 1 中加入些許鹽，增添麵線的鹹度。

酪梨布丁牛奶

難易度 ▶ ★☆☆　零油煙 ▶

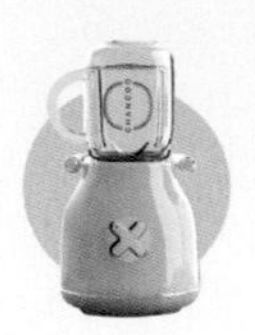

■ 材料

- 酪梨 1 顆
- 布丁 1 個
- 牛奶 300 ～ 350 毫升

■ 做法

將酪梨去皮切塊，將布丁取出，放在容器上備用。

將酪梨塊放入果汁機中，加入布丁。

接著倒入牛奶，依個人喜好決定牛奶的量。

用果汁機攪打至綿密均勻。

將攪打好的酪梨布丁牛奶倒入杯中。

當酪梨的皮顏色漸漸變深，手指按壓果肉有軟度、彈性，就可以食用了。

安安小評比 1

廚房小物篇

一大把義大利麵怎麼分？沾滿辣油的湯勺要擺哪裡？廚房裡的芝麻綠豆大小事，不只蒜末、辣椒和蔥花！快請廚房小幫手來幫忙，變身廚房裡的科學家。這裡統整 4 間市面上最受歡迎的居家布置連鎖店，所有實用又好看的廚房小物選手請出列！

NITORI

【搗蒜器】

我很喜歡韓式料理，許多韓式料理都得用到蒜泥，如果自己用菜刀壓扁出汁，很可能會弄得滿手蒜味，這時，一支好的搗蒜器絕對必備。有了它，便可以最大程度地將蒜頭壓扁出汁。

【量匙】

不鏽鋼製。對照食譜時必備的量匙，還附有方便的小刮刀。有了這一組量匙，大致已足夠應付多數食譜醬料的測量。不過因為串在一起，使用時容易互相干擾，建議取下使用，用完再串起收納。

【奶油切塊保存盒】

只要將長條奶油塊往下擠壓，便能自動切分成小塊奶油，非常方便。也可在盒子底部鋪上一層烘焙紙，更方便取用。

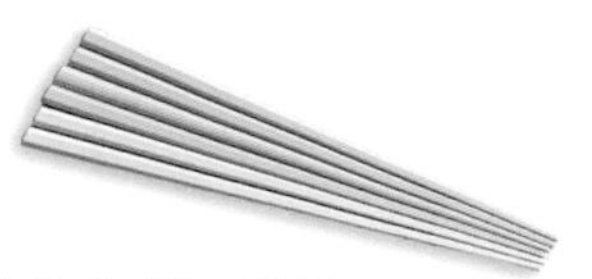

【彩色筷子組】

這組筷子的顏色是清爽粉嫩的淡色系，非常特別。很適合一家大小或三五好友，用來區分每個人的餐具使用。我特別喜歡它尖端的設計，比起其他筷子更細一些，夾取各種小菜也很穩固。

【電子秤】

是一款基礎而平價的電子秤，許多料理都需要測量，所以它一直是我的廚房必備小物。簡單的設計、實用的功能，足以應付大部分料理的需求。

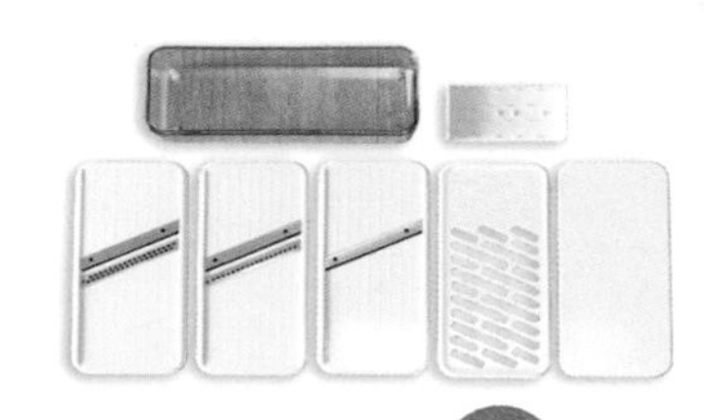

【蔬菜處理盒】 私心推薦

不管是切片、切絲、磨泥都能用。多種刀片疊放在一起，收納很方便。我很喜歡它的盒裝設計，還附蓋子，蔬菜處理完甚至可以直接冰在冰箱，可以說是顏值、功能兼具的廚房小物。

【拉麵湯匙】

木製。我個人鍾愛的拉麵湯匙，因為我喜歡的拉麵店，正是使用這支湯匙。木製的質感非常適合日式料理，90°設計的握柄和厚實的匙子，是吃拉麵時提升儀式感，又實用的小物。

【食物保存罐】

簡單乾淨的白色保存罐，設計簡約，沒多餘的稜角。瓶身上貼心的透明窗口設計，可以清楚看到內容物所剩的量。用來保存咖啡粉、咖啡豆都很適合。

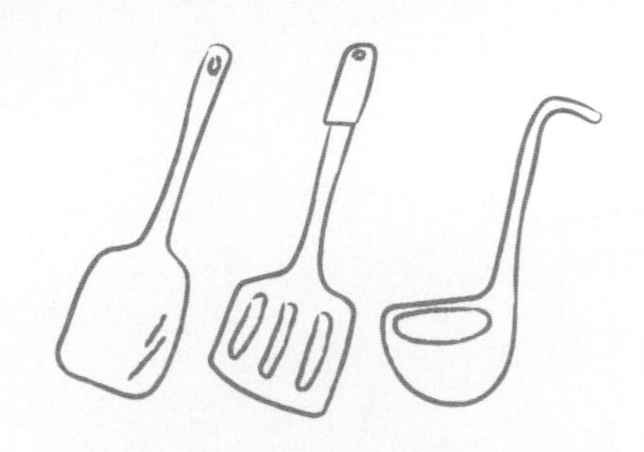

MUJI

【分菜杓】

不鏽鋼製，24 公分長。當初以為能用來做肉丸而購買。它最大的特色在於「湯匙中間有一個圓孔」，主要用在分菜時，可以把醬汁、湯汁瀝乾。平日不常使用，但若以桌菜宴客，或是料理醬汁偏多時，絕對派得上用場。

私心推薦

【湯杓／小】

不鏽鋼製，約 25 公分長。恰到好處的尺寸、深度、弧度，不僅可以舀湯、舀水、舀冰塊，在製作許多濃稠的滷汁類、湯汁類料理時，也非常好用。甚至倒入醬料、熱油淋醬時，都能派上用場。

【攪拌器／小】

不鏽鋼製。可以協助打蛋、混合醬汁，將食材均勻攪拌。容易拿取的設計，是烹調時的必備工具。

【料理匙／小】

矽膠製。與大號矽膠料理匙一樣好用，尤其搭配尺寸較小的碗盤，非常實用。

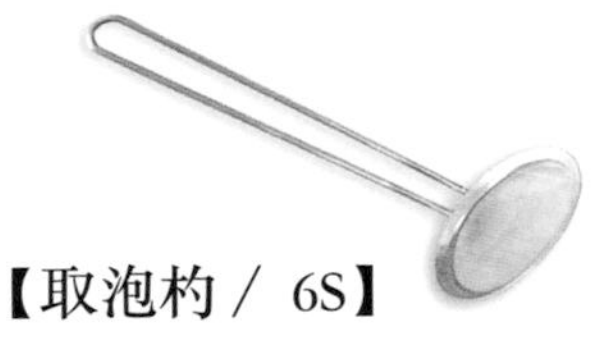

【取泡杓／ 6S】

這個取泡杓，每次都會在意想不到的時候幫上大忙。用來撈油末、熬湯用的材料，都很實用。手柄的特殊設計，不管掛在哪裡都可以，超級方便、好收納、易拿取。

【矽膠鏟】

矽膠製。是很受大家喜愛的料理鏟！外觀雖然普通，但扁度和弧度的設計剛剛好，讓烹調更方便。鏟起帶有醬汁的食物，更加實用。扎實的矽膠用料，讓它可以穩當地舀起食物。

私心推薦

【料理匙／大】

矽膠製。份量很夠、用料扎實，不管是炒菜、攪拌或當成刮勺使用，都游刃有餘。微微用力，就能配合鍋子的弧度彎曲，是實用性高的小工具。

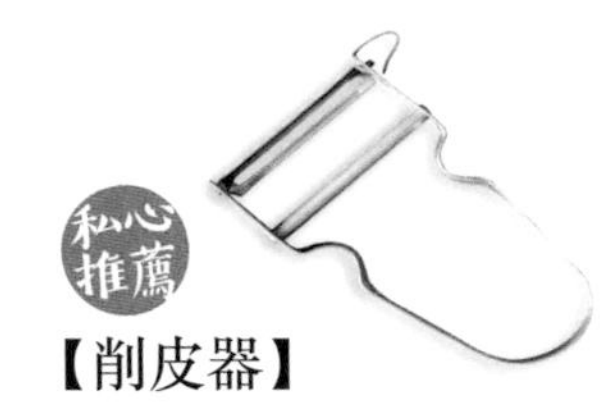

私心推薦

【削皮器】

整支不鏽鋼材質減少了卡髒污、黴菌的機會，清洗非常簡單。足夠鋒利的刀片，讓削皮變得非常順手。看似基礎簡單的設計，卻很少有其他削皮器可以代替。是我廚房必備的料理工具之一。

【果醬匙】

矽膠製。挖取面的長寬恰到好處，微微的彎曲弧面，不論是挖取還是抹開，都順手好用。矽膠材質剛好的柔軟度，尤其在挖取剩下一點點果醬時，毫不費力。

NATURAL KITCHEN

【迷你計量杯】

平常不會記得它，但總在突然需要計量時，回首就看到它。長相可愛、非常實用的小物，可以在各種緊急時刻幫上大忙。

【木柄翻鍋鍋鏟】

最近已經較少人使用這一種鍋鏟。但偶爾使用鐵盤、鐵鍋製作香煎料理時，它就很適合用來翻面食材。

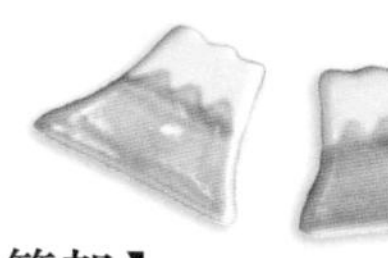

【造型筷架】

第一眼愛上它的可愛，沒想到使用後發現它材質厚實、表面光滑，很容易清洗。用餐時，放置筷子非常方便，讓桌面乾乾淨淨，吃飯也多了樂趣！

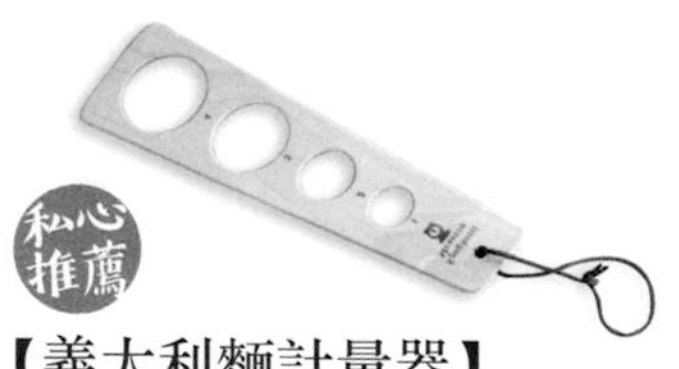

【義大利麵計量器】

每次拿取義大利麵時，最煩惱的就是不知道該取多少。用這一個方便的小物，就可以解決這個煩惱了！

【迷你粉末篩網】

不鏽鋼製。製作許多甜點料理時，就可以用它撒糖粉。把手的設計，適合掛在廚房任何一個角落。

【麻布紋蛋型碗＆長方盤＆飯碗】

陶瓷製器具，不可用於烤箱。當初只是隨手拿了這系列的蛋型碗，沒想到愛上它的厚實度！剛好的大小和高度，盛裝任何菜餚都很適合。馬上又補買了飯碗和長方盤，是我家中的必備食器。

Ikea

【BEVARA 袋子封口夾】

我使用封口夾好多年了，每次嘴饞偷吃洋芋片，一定會用到它。設計簡潔，有各種顏色和長度，拿來封口各種冷凍食品、袋裝食品，超級實用。

【AVSLAGEN 湯匙架】

吃火鍋時十分需要這支湯匙架。不論是剛舀過麻辣湯底，還是泡菜湯底，沾滿油水的湯匙放在上面，就不會亂倒亂噴。

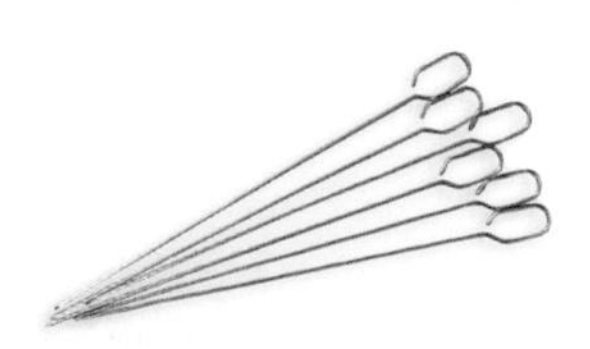

【GRILLTIDER 烤肉叉】

不鏽鋼製。環保的烤肉叉，長度足夠，後端還有易拿取的圓形鉤環。不僅烤肉時可以用，平日拿來串蔬菜、烤物、炸物，放在桌上很好看。

【KORKEN 附蓋萬用罐＆ RAJTAN 香料罐】

KORKEN 附蓋萬用罐是玻璃製，罐身很厚實，蓋上則非常緊密，適合保存各種乾貨、豆類、穀物，以及醃漬肉蘿蔔或梅子等。RAJTAN 香料罐同樣價格實惠，瓶身透明，時常用在收納鹽、砂糖等調味料，拿取也方便。

自己料理的日子

Cooking on my own

要有好吃的食物，才不辜負今天的辛苦。不用太多的油和鹽、不用過度的調味，自己做料理，簡單又幸福。每天下班後，只是一碗魚湯、只是一杯蒸蛋，都治癒了生活的傷口。小火慢燉，有滋有味；大火快炒，鍋氣十足。有好吃的食物相伴，再辛苦的日子，都多了一點溫暖。從菜鳥煮到得心應手，從一個人煮到朋友都來搭伙，料理就是這麼有趣的事情，可以把每一顆心凝聚在一起。

安安拿手好菜

PART 2

許多曾出現在頻道影片中的安安拿手好菜都收錄在這裡。有安安最愛的晚餐、宵夜，以及常常製作的便當料理。特別嚴選詢問度超高的幾道，都是只要嚐一口就有驚喜的必推食譜。簡單擺盤起來，更是又美又好吃。只要吃過一次，就知道為什麼安安這麼喜歡這幾道簡單的家常菜了。

三鮮蒸蛋

多種海鮮與蛋液，豐富的蛋白質，推薦給健身女性享用！

難易度 ▶ ★★★ 零油煙 ▶ ∫∫∫

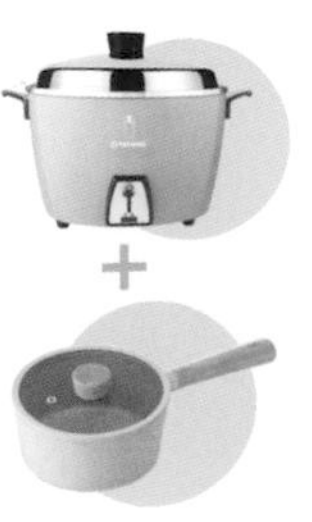

■ **材料**

- 雞蛋 3 顆
- 蛤蜊適量
- 蝦仁數尾
- 透抽適量
- 高湯 1 碗（蛋液：高湯＝ 1：1.5）
- 鰹魚風味醬油 1 小匙
- 鹽 1 小匙

■ **做法**

備一鍋滾水，加入 1 小匙鹽，放入蛤蜊、蝦仁和透抽圈汆燙熟，取出瀝乾備用。

將 3 顆雞蛋打入大碗中，倒入 1.5 倍量的高湯拌勻，即成高湯蛋液。

以篩網過濾高湯蛋液，倒入可蒸的容器中，撈除或刺破表面氣泡。

蒸蛋時，電鍋蓋下墊 1 支筷子讓空氣流通，可防止蒸蛋表面產生小洞。

將高湯蛋液放入電鍋中，外鍋倒入約 1 杯水，蓋上鍋蓋，先蒸約 8 分鐘。

打開電鍋蓋，依個人喜好放上燙熟的海鮮，再蒸約 1 分鐘，取出淋上鰹魚風味醬油即可享用。

蛋液和高湯的比例是 1：1.5，可用半顆蛋殼量高湯量。1 顆蛋 = 2 個半顆蛋殼，所以 1 顆蛋需要 3 個半顆蛋殼的高湯量，以此類推。也可以用量杯測量。

雲朵歐姆蛋

難易度 ★★★　油煙度 ＳＳＳ

■ **材料**

- 雞蛋 3 顆
- 砂糖 2 小匙
- 德式香腸 2 根

■ 做法

將蛋白、蛋黃分開，分別裝入容器中。

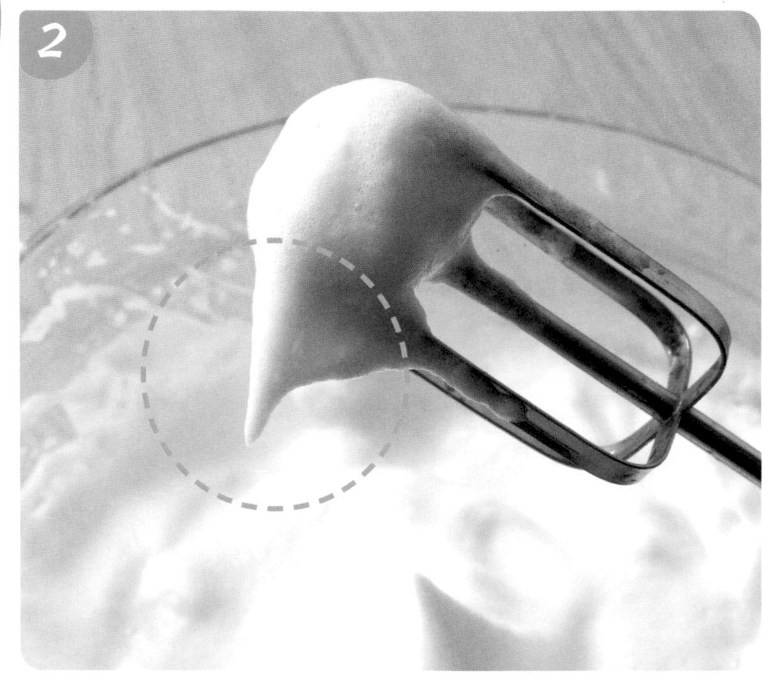

用電動攪拌器攪打蛋白，攪打至以攪拌頭舀起些許蛋白霜，蛋白霜尾端呈稍彎曲的小彎勾。

蛋黃均勻打散。

將蛋黃倒入蛋白霜中。

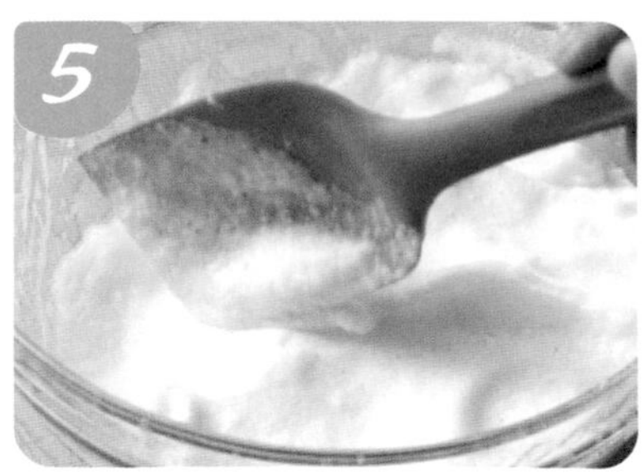

加入砂糖，將蛋黃和蛋白攪拌均勻，即成雲朵蛋糊。

將油倒入鍋中熱油。

將雲朵蛋糊倒入鍋中，以湯匙鋪平。蓋上蓋子，以小火煎3～5分鐘。

煎至柔軟蓬鬆、表面呈金黃色，即可盛盤對摺，搭配煎好的德式香腸食用。

因為僅單純打發蛋白，沒有加入糖或塔塔粉，所以打發後的蛋白霜較易消泡，建議不要放置太久，盡快和蛋黃拌勻成雲朵蛋糊。

用心製作這道圖案可愛、口感柔嫩的玉子燒，招待閨密最適合。

小花玉子燒

難易度 ▶ ★★★　**油煙度** ▶ ∫∫∫∫

■ 材料

- 雞蛋 3 顆
- 火腿 2 片
- 鹽 1/2 小匙
- 蔥花少許

■ **做法**

將火腿用模具或剪刀裁剪成小花形狀，再切適量的火腿碎末。

將雞蛋分成蛋黃、蛋白，並加入少許鹽，分別攪拌均勻。

在蛋黃中加入火腿碎末混拌；在蛋白中加入蔥花混拌。

玉子燒鍋塗滿一層油並加熱，倒入一半火腿蛋黃液，等半熟後將其捲起，推至鍋子一邊，再倒入剩下的火腿蛋黃液。

重複做法 4，將半熟蛋捲起並推至鍋子一邊，然後將小花形狀火腿鋪排入玉子燒鍋中。

倒入蔥花蛋白，待熟後捲起。

這是捲好完成的樣子。

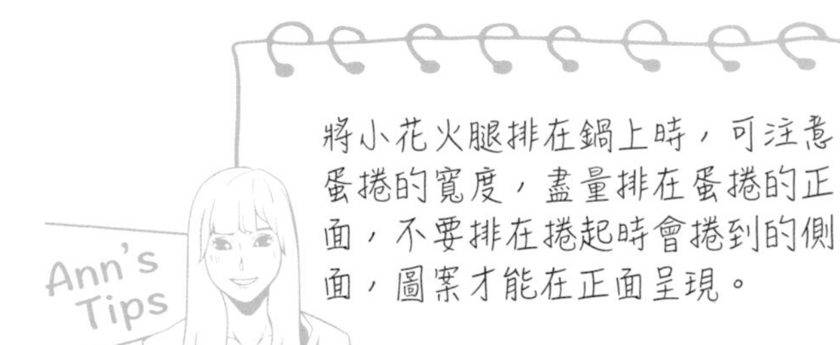

蔬菜金針菇肉捲

難易度 ▶ ★★★ 油煙度 ▶ ∫∫∫∫

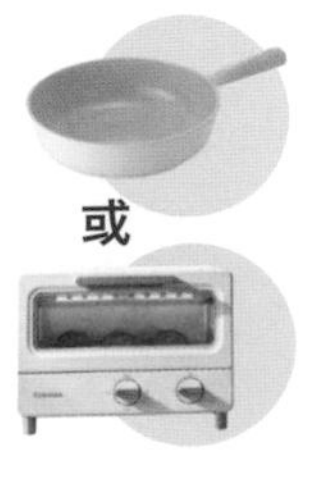

■ **材料**

· 豬肉片約 100 克
· 金針菇約 100 克
· 彩椒各 1/2 顆
· 綠花椰菜數朵

〈**醬料**〉

· 熟白芝麻適量
· 烤肉醬適量

■ 做法

1 備一鍋滾水，放入綠花椰菜汆燙至軟，取出瀝乾。

2 在小烤盤上鋪鋁箔紙，放上肉片捲金針菇、切塊的彩椒。

3 均勻地刷上烤肉醬。

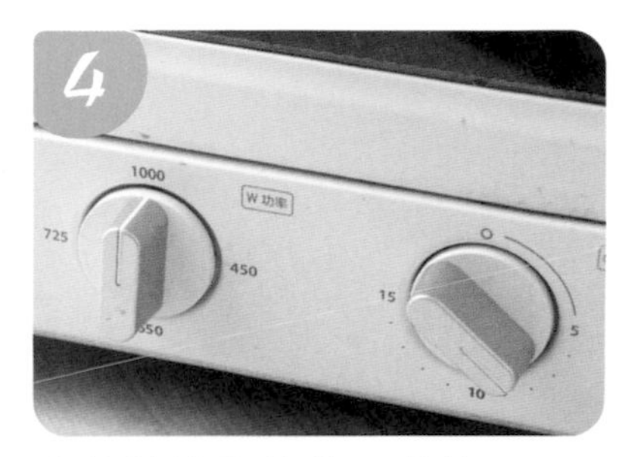

4 先將烤箱預熱約 5 分鐘。

5 接著將烤盤放入，以中高溫火（180～200°C）烤約 15 分鐘。

6 取出烤盤，將食材翻面，排上綠花椰菜，將烤盤放入，刷上一點烤肉醬，以中高溫火（180~200°C）烤約 5 分鐘。

7 取出烤盤，可搭配調勻的醬[illegible]享用。

1. 綠花椰菜比起其他蔬菜、肉類更容易烤焦，所以先汆燙後，於最後才放入烤盤中一起烘烤。由於每個人家中的烤箱不同，火力、溫控設計都有差異，所以烹調要隨時注意有沒有烤焦。
2. 這裡使用的小烤箱範例是 TOSHIBA 的 TM-MG08CZT（AT）。

可樂雞翅

難易度 ★★★　油煙度

■ **材料**

- 雞翅 6 隻
- 可樂 300 毫升
- 蒜末適量
- 醬油 1 大匙
- 蠔油 1 大匙

■ **做法**

雞翅擦乾，拿叉子在雞翅表皮戳一個個小洞。

將油倒入鍋中熱油，放入蒜末爆香。

將一支一支雞翅排入，每支雞翅盡量不要重疊。

放入醬油、蠔油。

慢慢倒入可樂，以免飛濺出鍋子，煮至收汁。

盛入盤中，撒上白芝麻更香！（不撒白芝麻也可以。）

1. 因為是製作 1 人份，所以雞翅的份量較少，為了讓可樂可以淹蓋到雞翅，建議使用小口徑的平底鍋或單柄湯鍋烹調。
2. 可樂與醬油調配出的醬汁鹹鹹甜甜，很適合滷雞翅。可樂的甜味本身比糖更加有層次，所以不用再加許多辛香料，就能做出味道豐富的滷汁。甜鹹比例可再依個人的喜好調整。加入蒜末可以提味、帶出香氣，加入越多的蒜末越夠味，所以一定要記得爆香蒜末，才會香氣逼人喔！

德式香腸 馬鈴薯焗烤鹹派

難易度 ★★★　油煙度 SSS

■ 材料

- 馬鈴薯 2 顆
- 德式香腸 2 根
- 起司絲適量
- 鹽 1 小匙

■ 做法

馬鈴薯削除外皮，放入電鍋中蒸熟。

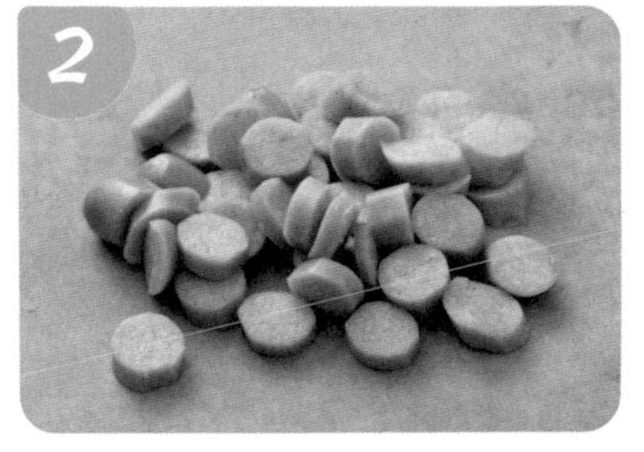

德式香腸切均勻厚度的片狀。

蒸熟的馬鈴薯加入鹽，壓碎成泥，然後鋪在烤盤中。

將德式香腸片鋪在馬鈴薯泥上。

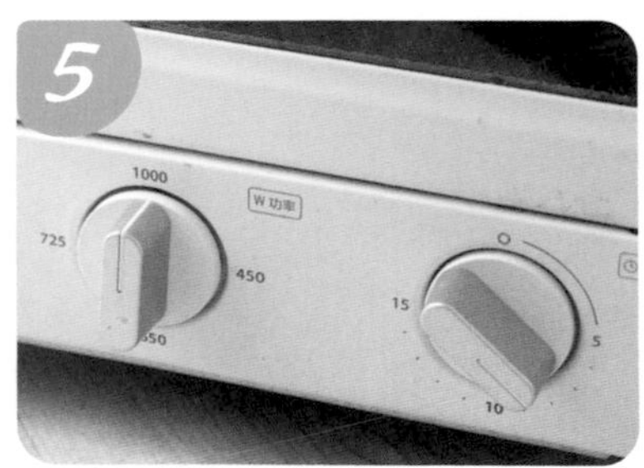

先完成烤箱預熱。

將烤盤放入烤箱，以中高溫火（180°C）烤約 10 分鐘。

打開烤箱，在烤盤上鋪滿滿的起司絲，以高溫火 200°C 烤 4 ～ 5 分鐘，至起司表面金黃微焦即可。

鋪上起司絲後烘烤，可隨時打開烤箱門觀察烤的狀況，只要烤至起司融化即可，注意別烤焦了。

洋蔥圈鑲肉餅

難易度 ▸ ★★★　油煙度 ▸ ‹‹‹

■ **材料**

- 絞肉約 350 克
- 紅黃彩椒各 1/2 顆
- 洋蔥 1 顆
- 麵粉約 30 克
- 雞蛋 1 顆
- 胡椒粉 1 小匙
- 鹽 1 小匙

■ **做法**

將雞蛋打入容器中，攪拌均勻。

將絞肉、切末的彩椒放入大容器中，加入麵粉、胡椒粉和鹽。

將絞肉與食材攪拌均勻、摔打出筋，即成絞肉彩椒餡。

將絞肉彩椒餡分成數份，填入切好的洋蔥圈中，壓實至餡料微微凸起即可。

將蛋液刷在洋蔥圈鑲肉餅的兩面。

將油倒入鍋中熱油，放入洋蔥圈鑲肉餅，以小火煎至兩面都呈金黃色即可。

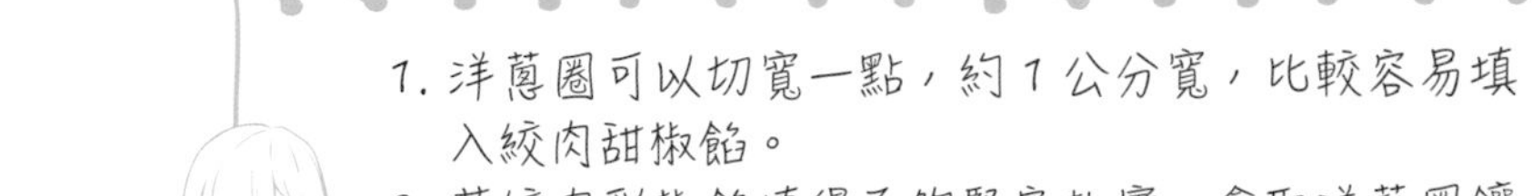

1. 洋蔥圈可以切寬一點，約 1 公分寬，比較容易填入絞肉甜椒餡。
2. 若絞肉彩椒餡填得不夠緊密扎實，拿取洋蔥圈鑲肉餅時，洋蔥圈與肉餡容易分開，只要小心拿取即可。

港式肝腸、臘腸搭配香氣濃郁的醬汁，好吃得令人一口接著一口。

銷魂臘味飯

難易度 ▶ ★★★　油煙度 ▶

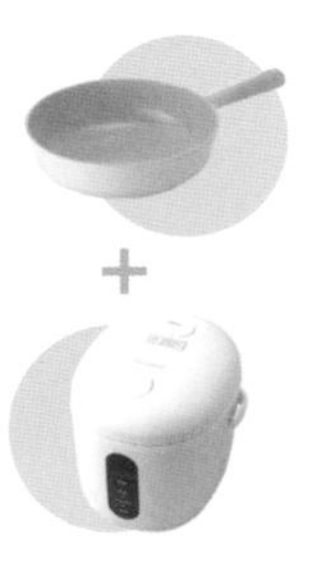

■ 材料

· 臘腸 1 根
· 肝腸 1 根
· 白米 1 杯
· 青江菜適量
· 雞蛋 1 顆

〈醬料〉

· 醬油 1 大匙
· 蠔油 2 小匙
· 砂糖 1 小匙
· 麻油 2 小匙

■ **做法**

將 1 杯白米、1.2 杯水（與平時煮飯的比例相同）放入電子鍋中。

用叉子將肝腸、臘腸表面戳洞，切成適當大小，排入電子鍋中，按下一般煮飯模式。

青江菜以滾水汆燙，撈出瀝乾。

將油倒入鍋中熱油，打入雞蛋，煎成荷包蛋。

米飯煮好後繼續燜約 5 分鐘，打開鍋蓋，先挾出臘腸、肝腸切成片。

將電子鍋中的米飯翻鬆，再繼續燜約 3 分鐘，然後盛入容器中。

鋪上臘腸片、肝腸片，放上荷包蛋、青江菜即可。

Ann's Tips

港式臘腸、肝腸本身就鹹香十足，比起香腸，瘦肉的比例更高，因此咬起來更加扎實順口。尤其豐富的油脂，與米飯拌著吃，非常美味。放入電子鍋內一起煮時，千萬別先切片了，這樣才不會讓米飯太油膩。等到出鍋再切片，保留肉香、油脂的原味。除了青江菜，佐以蒜苗也很搭！

蔥鹽燒肉丼

難易度 ▶ ★★★　**油煙度** ▶ ∫∫∫

■ **材料**

- 牛肉片 200 克
- 洋蔥 1 顆
- 青蔥 2 支
- 檸檬 1 顆
- 白飯 1 碗

〈**醬料**〉

- 麻油 3 大匙
- 味醂 1 大匙
- 細砂糖 1 小匙
- 鹽 1 小匙
- 黑胡椒適量

■ 做法

將青蔥切成蔥花。

將洋蔥切成丁。

將蔥花、洋蔥丁裝入容器中。

加入醬料中的材料，滴入幾滴檸檬汁，混合均勻。取一半放入冰箱冷藏。

取另一半，將牛肉片放入其中，醃製約 15 分鐘。

將油倒入鍋中熱油，放入蔥鹽牛肉片煎熟。

好白飯，盛入容器中，將蔥鹽肉片鋪在白飯上即可。

1. 不敢吃牛肉的人也可以換成豬肉片，做成燒肉丼，一樣可口。
2. 這道料理的重點在於麻油，請注意不要買到口味較苦的黑麻油。

PART 2 安安拿手好菜

蕃茄肥牛飯

難易度 ▶ ★★★　油煙度 ▶ ＄＄＄

或

■ 材料

· 蕃茄 1 ～ 2 顆
· 牛肉片約 100 克
· 雞蛋 1 顆
· 白米 1 杯
· 起司片 1 片
· 蒜末適量

〈醬料〉

· 醬油 1 大匙
· 蠔油 1 小匙
· 鹽少許
· 胡椒粉少許
· 砂糖 1/2 小匙
· 蕃茄醬 2 大匙

■ **做法**

煮好白米飯。蕃茄洗淨後切塊。

將油倒入鍋中熱油，放入蒜末爆香。

在蒜末邊緣排入蕃茄塊。

倒入混拌均勻的醬料。

加入約 100 ～ 150 毫升的水煮滾，並將食材往鍋邊排滿，鍋子中間空出一個圓。

將煮好的白飯盛於碗公中，倒扣入鍋子中間。

在白飯上面鋪上起司片，使其融化即可。

醬汁翻炒時，水不用加太多，炒至濃稠拌飯更好吃。蕃茄醬和醬油的搭配甘甜酸鹹，十分下飯，可以依個人的口味調整甜鹹比例。

芹菜虱目魚粥

難易度 ▸ ★★★　油煙度 ▸ ∫∫∫

■ 材料

- 白米 1 杯
- 虱目魚 1 片
- 薑絲適量
- 青蔥 1 支
- 芹菜適量
- 高湯 1 小碗
- 鹽適量
- 米酒 1 大匙
- 香油少許

■ **做法**

前一天先將白米洗淨，加點水讓米浸泡發漲，放入冷凍庫，隔天拿出冷凍米，以大火燜煮 10 分鐘。

熄火後蓋上鍋蓋，再燜 10 分鐘，粥就煮好了。

將油倒入鍋中熱油，放入蔥段爆至焦黃，取出。

原鍋繼續放入薑絲爆香，取出。

將高湯倒入鍋中，加入薑絲煮滾。

加入虱目魚片。

倒入煮好的白粥，加入些許鹽調味再煮滾一下，融合食材鮮味。

撒入一些米酒、芹菜末、焦蔥和香油即可。

生米熬粥要花很多時間，把生米冷凍至結冰，退冰時，會使米粒的組織被破壞，吸水後更易成糊狀，就可減少熬粥的時間。

Let's take a break.
Have some coffee, juice

休息一下，來杯咖啡、果汁，吃片麵包

and bread.

什麼時候開始愛上喝咖啡的呢？好像是開始上班後。昏昏沉沉的腦袋，總要一杯咖啡來作伴。加了牛奶的拿鐵咖啡，是我的最愛。苦中帶著綿密的奶香，讓我可以提振精神好好上班。在家安置一台奶白色的咖啡機，實現咖啡自由，想喝隨時有，真是太幸福了！

烤吐司呀烤吐司，
你是不是世界上最經典的早餐呢？

烤吐司是我高中的回憶。每天早上第二節下課，就跑到福利社買一袋奶油烤吐司。看到福利社阿姨幫我抹滿吐司邊邊，就是我最幸福的事。現在的早晨，我也喜歡烤吐司。每一次，都期待吐司跳起來的那一刻，「叮」一聲，就像變魔術一樣，立刻把我帶回高中的第二節下課。謝謝麵包機每天認真地烤吐司，一輩子認真做好一件事，怎麼能不成功呢？

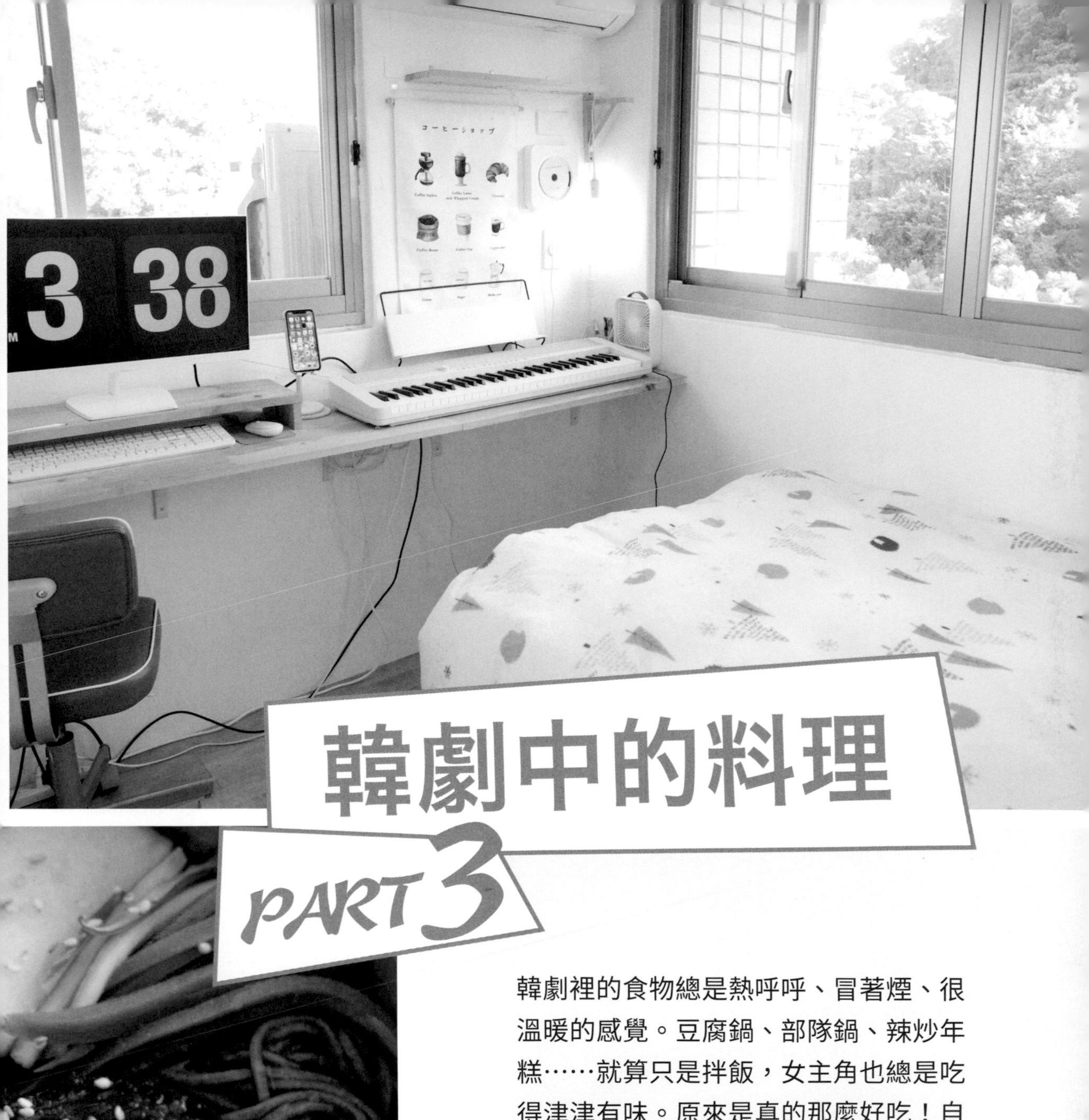

韓劇中的料理

PART 3

韓劇裡的食物總是熱呼呼、冒著煙、很溫暖的感覺。豆腐鍋、部隊鍋、辣炒年糕……就算只是拌飯，女主角也總是吃得津津有味。原來是真的那麼好吃！自己做看看，一點都不難。一邊追劇一邊吃韓劇料理，實在太幸福。現在就一起來製作點播率最高的那些韓劇料理吧！

醬煮馬鈴薯

難易度 ▸ ★☆☆　油煙度 ▸ ∫∫∫

■ **材料**

· 馬鈴薯 2 ~ 3 顆
· 洋蔥 1/2 顆
· 蒜末適量
· 蔥花適量
· 熟白芝麻適量
· 青陽辣椒適量

〈醬料〉

· 醬油 3 大匙
· 芝麻油 2 小匙
· 蒜泥 1 大匙
· 砂糖 1 大匙
· 胡椒粉 1 小匙

■ 做法

1 馬鈴薯洗淨後去皮。

2 將馬鈴薯切成約 1 × 1 公分的小丁，泡水 10 分鐘。

3 再將馬鈴薯丁取出瀝乾，並以廚房紙巾稍微擦乾。

4 將油倒入鍋中熱油，放入蒜末、馬鈴薯丁，炒至馬鈴薯丁邊緣呈半透明。

5 洋蔥切丁後加入，炒約 1 分鐘。

6 加入拌勻的醬汁材料，倒入水淹過食材，轉中小火慢慢翻煮至快收汁，加入辣椒段煮至收汁。

7 盛入容器中，撒上蔥花、熟白芝麻即可。

1. 馬鈴薯丁先用水浸泡一下，可以去掉表面多餘的澱粉，也可使烹煮時更易吸收醬汁。
2. 芝麻油、蒜泥是讓這道料理充滿韓式風味的功臣，加入蒜泥可以熗出醬汁的香氣。可以自己用蒜頭壓製，也可以購買市售的小罐蒜泥更方便！材料圖中已加入醬汁中混拌。

韓式泡菜海鮮煎餅

難易度 ▸ ★★★　油煙度 ▸ SSS

■ **材料**

- 泡菜與醬汁 150 克
- 蝦仁適量
- 透抽適量
- 煎餅粉約 80 克
- 酥炸粉約 80 克
- 冰水約 130 毫升
- 韭菜 1 把
- 雞蛋 1 顆
- 鹽 1 小匙

〈醬料〉

- 醬油適量
- 冷開水適量
- 白醋適量
- 砂糖適量
- 韓國辣椒粉適
- 熟白芝麻適量

■ **做法**

將煎餅粉、酥炸粉倒入容器中拌勻，並加入 1 顆雞蛋。

加入冰水，混拌均勻成濃稠的煎餅糊。

加入切段的韭菜。

加入蝦仁、透抽。

加入泡菜、泡菜汁和 1 小匙鹽，拌成煎餅糊。

將油倒入鍋中熱油，油要多一點，倒入煎餅糊煎至金黃。

煎好一面後翻面，煎至兩面都呈金黃色即可。食用時，可搭配拌勻的醬料食用。

1. 如果買不到韭菜，可以改用青蔥代替，風味雖不同，但一樣好吃。
2. 有人喜歡厚實的煎餅，有人喜歡酥脆的煎餅。在煎餅粉中加入酥炸粉，並且用冰塊水製作麵糊，就能煎出更酥脆的煎餅。如果喜歡厚軟口感的話，就減少酥炸粉的比例，煎至喜歡的脆度即可。

韓式麻藥溏心蛋

辛香麻辣的獨特風味，令人一吃上癮，因此得名麻藥溏心蛋。

難易度 ▸ ★☆☆　零油煙 ▸

■ **材料**

- 雞蛋 6 顆
- 蒜末適量
- 蔥花適量
- 熟白芝麻適量
- 辣椒末適量
- 醬油 150 毫升
- 水 150 毫升
- 砂糖 2 大匙
- 韓式芝麻油 1 大匙

■ 做法

將水倒入鍋中煮滾，放入雞蛋煮約 6 分鐘。

撈起雞蛋，放入一盆冰塊水中冰鎮。

舀出冰鎮好的雞蛋，將每一顆蛋殼備用。

將醬油、冷開水、蒜末、熟白芝麻、蔥花、辣椒末、砂糖和芝麻油倒入保鮮盒中，拌勻成醬汁，再放入雞蛋。

醬汁要淹過所有雞蛋，每顆雞蛋才能浸入醬汁的風味。

蓋上蓋子，放入冰箱冷藏約 8 小時，即可撈起享用。

1. 經過一夜的浸泡，不只雞蛋好吃，醬汁也非常下飯喔！加入蒜末，用來拌飯非常開胃。蒜末加得越多，越香越夠味！
2. 只要打開韓式芝麻油，就會聞到極香的芝麻香氣，是韓國家家戶戶必備的調味料。不管是抹上飯捲、用來涼拌，還是快炒時加入，都能立刻讓料理充滿芝麻香氣，是製作韓式料理不可或缺的調味料。

鵪鶉蛋辣炒年糕

難易度 ▸ ★★★　油煙度 ▸ SSS

■ **材料**

- 韓式魚板數串
- 鵪鶉蛋約 90 克
- 韓式年糕 200 克
- 豬肉片 100 克
- 馬鈴薯塊 1 顆
- 蒜末適量
- 蔥花適量
- 熟白芝麻適量
- 韓式粗辣椒粉 1 小匙

〈醬料〉

- 韓式辣椒醬 3 大匙
- 蕃茄醬 2 大匙
- 砂糖 1 大匙
- 蜂蜜 1 小匙
- 水約 600 毫升

■ 做法

1 備一碗溫水，放入年糕，將年糕泡軟、泡開。

2 將油倒入鍋中熱油，放入蒜末爆香。

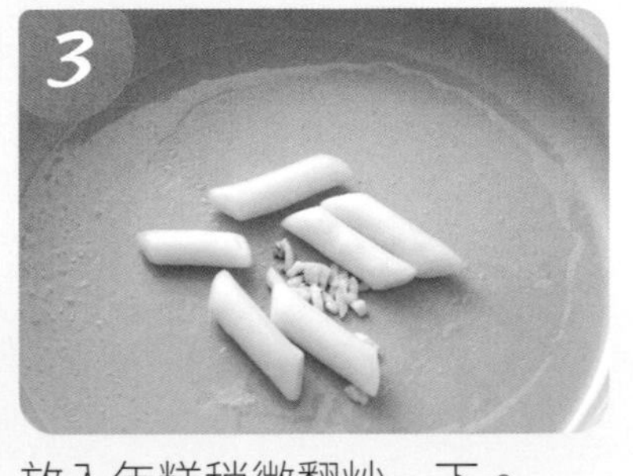

3 放入年糕稍微翻炒一下。

4 加入韓式辣椒醬、蕃茄醬、砂糖、蜂蜜等醬料，稍微翻炒一下。

5 倒入約 600 毫升的水淹過食材，煮滾。

6 加入韓式魚板、鵪鶉蛋、馬鈴薯塊和豬肉片，以小火燉煮至收汁。

7 撒上蔥花、熟白芝麻和 1 小匙韓式粗辣椒粉點綴。

Ann's Tips

這份食譜的份量較多，若食量較小的 1 人份，醬料可改為韓式辣椒醬 3 小匙、蕃茄醬 2 小匙、砂糖 1 小匙，並搭配約 300 毫升的水烹煮。把握 3：2：1 的醬料原則，調製起來就很好吃。蜂蜜可以增加甜度與香氣，若沒有蜂蜜的話，也可以省略喔！

不用炸的
韓式辣醬炸雞

難易度 ▸ ★★☆　油煙度 ▸ SSS

■ 材料

· 雞翅數支
· 麵包粉適量
· 麵粉適量
· 雞蛋 2 顆
· 蒜末適量
· 醬油適量
· 胡椒粉適量
· 裝飾用生菜適量

〈醬料〉

· 韓式辣醬 3 小匙
· 蕃茄醬 2 小匙
· 砂糖 1 小匙
· 蜂蜜 1 小匙
· 飲用水約 50 毫升
· 熟白芝麻適量

■ **做法**

雞翅擦乾，拿叉子在雞翅表皮戳一個個小洞。

取適量醬油、1 小匙胡椒粉倒入容器中，放入雞翅醃約 20 分鐘。

將雞蛋倒入容器中，攪拌均勻。

把醃製好的雞翅均勻沾裹麵粉。

將雞翅均勻沾裹蛋液。

將雞翅均勻沾裹厚厚一層麵包粉。

將雞翅放入氣炸鍋中，先以 180°C 氣炸約 15 分鐘，再翻面氣炸約 5 分鐘，搭配醬料和生菜食用。

1. 雞翅沾裹厚厚的麵包粉，才會有類似酥炸的口感。
2. 韓式辣醬單吃會太辣太鹹，與蕃茄醬和砂糖以 3:2:1 的比例混合，然後可以加 1 小匙蜂蜜、水，稍微調整濃稠至自己喜愛的口味即可。

韓式冷麵

難易度 ▶ ★★★ 零油煙 ▶

■ 材料

- 韓式蕎麥麵 1 把
- 溏心蛋 1 顆
- 牛肉片數片
- 水梨 1/2 顆
- 蘋果 1 顆
- 蕃茄 1/2 顆
- 洋蔥 1/4 顆
- 小黃瓜 1/4 條
- 胡蘿蔔 1/4 條
- 蒜末 2 大匙
- 熟白芝麻適量

〈醬料〉

- 雞湯塊 1/2 塊
- 醬油 1 大匙
- 鹽少許
- 砂糖 2 小匙
- 韓式芝麻油 1 小匙
- 韓式粗辣椒粉少許

■ 做法

1 取1/2顆水梨、1/2顆蘋果切塊；洋蔥切丁，加入醬油、水，用果汁機攪打均勻，倒入小鍋中。

2 在做法 1 加入鹽、砂糖、雞湯塊、1大匙蒜末煮滾後，倒入碗中，放入冰塊冷卻，即成醬湯。

3 備一鍋滾水，放入蕎麥麵煮熟。

4 撈出蕎麥麵放入冰塊水中沖洗，然後冰鎮。

5 撈出蕎麥麵瀝乾，放入醬湯湯底中。

6 剩下的蘋果切片，和蕃茄片一起排入容器中。

7 放入燙熟的牛肉片，擺上對半切的溏心蛋。

8 放上小黃瓜絲、胡蘿蔔絲、1大匙蒜末、芝麻、韓式辣椒粉。

最後一定要放上蒜末。蒜末越多，吃起來越夠味，也會帶出醬湯的鮮甜。

烤五花肉

難易度 ▸ ★☆☆　油煙度 ▸ ∫∫∫

■ **材料**

- 帶皮五花肉約 300 克
- 搭配用生菜適量
- 烤肉醬適量
- 熟白芝麻適量

■ **做法**

烤盤鋪上鋁箔紙，放上五花肉。

在五花肉條上，刷些許烤肉醬。

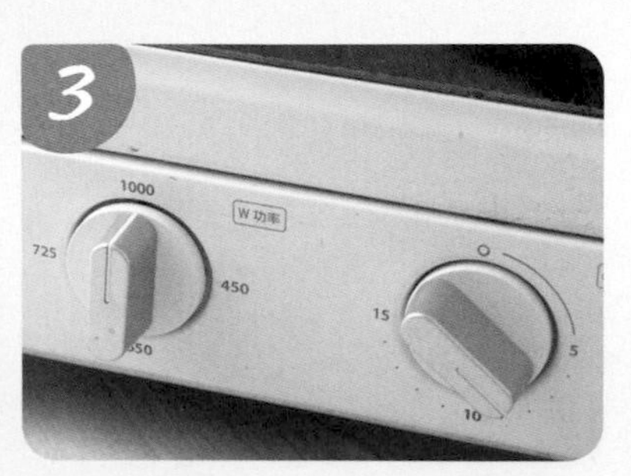

先將烤箱以最高溫預熱。

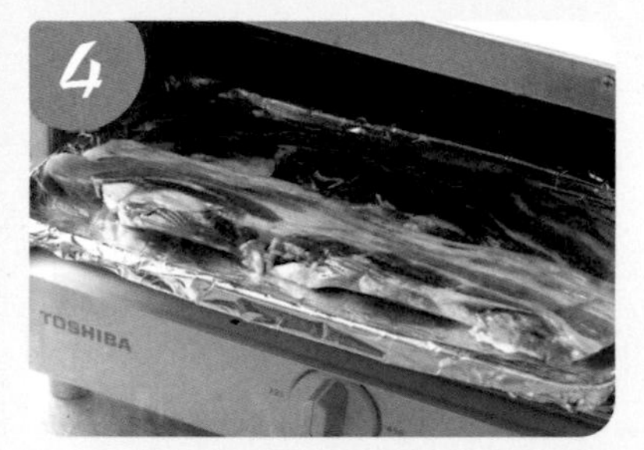

將五花肉放入烤箱中，以中高溫火（180°C）烤約 15 分鐘。

打開烤箱蓋，將五花肉翻面，再以高溫火（200°C）烤約 5～10 分鐘至表面焦脆。

取出烤盤，將五花肉切成適當大小，盛入容器，可撒入熟白芝麻，搭配生菜享用。

1. 烤五花肉的過程中，一定要隨時注意肉是否烤焦，或是烤太硬影響口感。
2. 五花肉切片盛盤後，可搭配自己喜歡的生菜食用，去油解膩。

韓式烤肉

難易度 ▸ ★☆☆　油煙度 ▸ ∫∫∫

或

■ **材料**

- 牛五花肉或豬五花肉約 200 克
- 搭配用生菜適量
- 大蒜適量
- CJ 韓式綠色盒烤肉醬適量

■ **做法**

大蒜剝皮，將一瓣瓣蒜仁放在容器中。

開始加熱，在烤盤上刷油或抹油。

將五花肉放在烤盤上。

一邊烤，一邊將牛五花肉或豬五花肉剪成一口大小。

放上蒜仁稍微烤過。

將烤好的肉放到生菜葉上，並放上一顆蒜仁和適量烤肉醬。

用生菜包起烤肉、蒜仁和烤肉醬即可享用。

1. 韓式烤肉除了搭配生菜之外，也可以搭配芝麻葉食用。
2. 這款綠色盒烤肉醬非常涮嘴，帶有一點韓式辣醬的香氣和嗆辣，非常開胃。

韓式午餐肉小飯糰

難易度 ▸ ★★★　油煙度 ▸ SSS

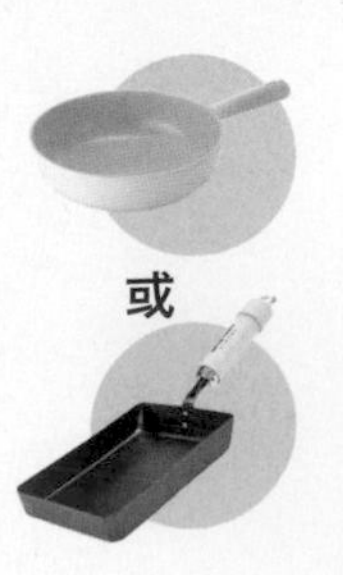

■ **材料**

- 午餐肉 1/2 盒
- 白飯 1 碗
- 韓式海苔碎 1 小碗
- 大片海苔數張
- 起司片適量

〈醬料〉

- 蜂蜜 1 小匙
- 蠔油 1 小匙
- 醬油 1 小匙

■ **做法**

1 將油倒入鍋中熱油，放入午餐肉片，煎至兩面都呈金黃色，取出切半成正方形。

2 白飯放入容器中，加入海苔碎混拌。

3 將大片海苔剪成長方形，放上切成正方形的午餐肉片、起司片，把海苔捲起成海苔午餐肉捲。

4 把海苔午餐肉捲包入海苔飯中，捏成小飯糰。

5 將油倒入鍋中熱油。

6 將小飯糰排入鍋中，以小火略煎一下。

7 在小飯糰的兩面都刷點調勻的醬料，煎至小飯糰的兩面都呈金黃色即可。

包小飯糰時，可以用模具或保鮮膜等輔助，才不會黏得滿手都是米飯。

韓式辣醬拌飯

最知名的韓國平民料理，簡單的材料在家也能享用。

難易度 ▶ ★★☆　**油煙度** ▶

■ **材料**

- 豬肉片數片
- 豆芽菜 1 小把
- 胡蘿蔔絲 1 小把
- 舞菇 1 小把
- 地瓜葉 1 小把
- 雞蛋 1 顆
- 泡菜 1 碟

〈醬料〉

- 韓式辣椒醬 3 小匙
- 蜂蜜 2 小匙
- 醬油 1 小匙
- 雪碧 50 毫升
- 韓式芝麻油 1 小匙
- 熟白芝麻適量
- 蒜末適量

■ 做法

1 將油倒入鍋中熱油，打入雞蛋，煎成荷包蛋，取出。

2 鍋中熱油，放入地瓜葉翻炒，加入半杯水，再放入胡蘿蔔絲翻炒熟。

3 加入豬肉片、豆芽菜、舞菇等食材翻炒，再將煮好的食材都先取出備用。

4 煮好白飯，盛入容器中。

5 在白飯上鋪地瓜葉、胡蘿蔔絲、豬肉片、豆芽菜和舞菇。

6 再放上泡菜，最後擺上荷包蛋。

7 將醬料的材料倒入容器中拌勻，即成韓式拌飯辣醬。

8 將辣醬淋在食材和飯上即可享用。

想要簡單地煎好漂亮的荷包蛋，可將雞蛋打入鍋後，蓋上鍋蓋燜熟，不用翻面。

韓式魚板蘿蔔湯

難易度 ▶ ★☆☆　油煙度 ▶

■ **材料**

- 韓國魚板 2 串
- 白蘿蔔 1/4 根
- 青蔥 2 支
- 昆布數塊
- 蒜末適量
- 醬油 2 大匙
- 鹽少許
- 韓式芝麻油 1 小匙

■ 做法

將芝麻油倒入鍋中熱油，放入蒜末爆香，加入白蘿蔔片稍微拌炒。

加入水淹過食材，放入昆布，滾水煮 5 分鐘即為湯底。

加入蔥段燉煮 5 分鐘。

撈出蔥段、昆布，加入 2 大匙醬油、少許鹽，調製成鹹淡適中的口味，燉煮 10 分鐘。

放入魚板繼續燉煮 5 ～ 10 分鐘。

最後撒上蔥花即可。

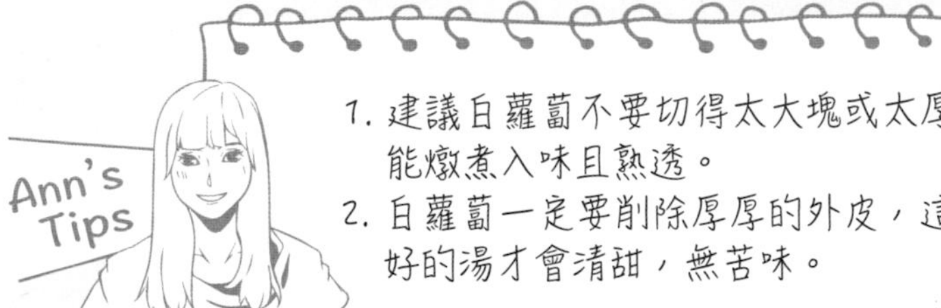

韓式大醬湯

難易度 ▸ ★☆☆　油煙度 ▸ ⟆⟆⟆

■ 材料

- 豆腐 1/2 盒
- 櫛瓜 1 條
- 蛤蜊數顆
- 韓國大醬 1 大匙
- 蔥花少許
- 水 800 毫升
- 鹽少許
- 熟白芝麻少許

■ 做法

將大約 800 毫升的水倒入鍋中煮滾。

加入 1 大匙大醬，煮開拌勻。

放入切片的櫛瓜。

放入切成片狀或塊狀的豆腐。

放入蛤蜊，煮至蛤蜊殼打開。

關火後，撒上些蔥花和熟白芝麻即完成。

1. 蛤蜊可以先放入鹽水中吐沙，再放入鍋中，以免煮好的湯中有細沙。
2. 韓式大醬是一種豆製的發酵醬料，散發濃濃的豆類香氣。超商裡可以買到的韓式大醬，多會標明用在煮湯、烤肉或包飯使用。這裡選用這罐海鮮大醬，煮湯鮮味十足，辣度和鹹度都足夠。除了鹹味、豆香之外，加上濃濃的海鮮精華提味，層次非常豐富，所以不用再另外調味就很好喝。

韓式部隊鍋

難易度 ▸ ★★☆ 油煙度 ▸

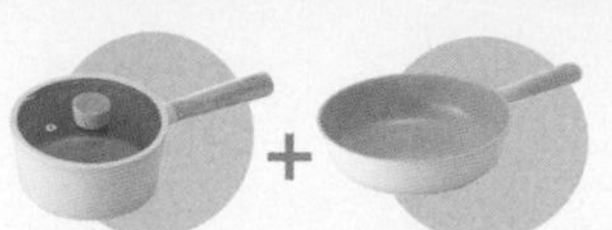

■ **材料**

- 午餐肉 1/2 盒
- 韓式泡麵 1 包
- 豬肉片數片
- 雞蛋 2 顆
- 鴻喜菇約 25 克
- 雪白菇約 25 克
- 小香腸 4 根
- 高麗菜數片
- 起司片 1 片
- 蒜末適量
- 蔥花適量
- 熟白芝麻適量

〈醬料〉

- 韓式辣醬 3 大匙
- 醬油 2 大匙
- 砂糖 1 大匙
- 鹽 1 小匙
- 韓式芝麻油 1 小匙
- 泡菜 1 小碟（帶泡菜汁）

■ **做法**

將油倒入鍋中熱油，放入午餐肉片，煎至兩面都呈金黃色，取出備用。

煮好水煮蛋，剝殼備用。

取一個湯鍋，鋪入一片片高麗菜葉。

依序排入鴻喜菇、雪白菇、午餐肉、水煮蛋、泡菜、小香腸，中間排入泡麵和豬肉片。

加入韓式辣醬、醬油、砂糖、鹽，再倒入泡菜汁，以及 900 ～ 1000 毫升的水。

上面放上起司片，加熱至起司片融化且食材都熟了，最後滴入芝麻油，撒上蔥花、白芝麻即可。

1. 醬汁調配：韓式辣醬、醬油、砂糖的比例 = 3：2：1，可依個人口味以水調整濃淡。
2. 部隊鍋的由來，是過去因戰爭導致物資短缺、肉類稀少，所以部隊中容易保存的食物，就被附近居民拿來製作成火鍋料理。火鍋的食材是從「部隊」取來的香腸、火腿，久而久之，就被稱為「部隊鍋」。

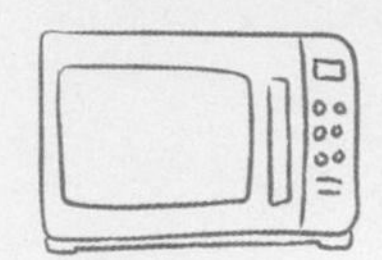

安安小評比 ❷

廚房小家電篇

只要把家電的顏色統一，家裡就會看起來更整潔。實用又好看的白色小家電，是做菜的最佳小幫手。尤其推薦給不能用明火烹調的人，有了這些小家電，煎、炒、燉、煮都可以，還成了家中最美的布置。

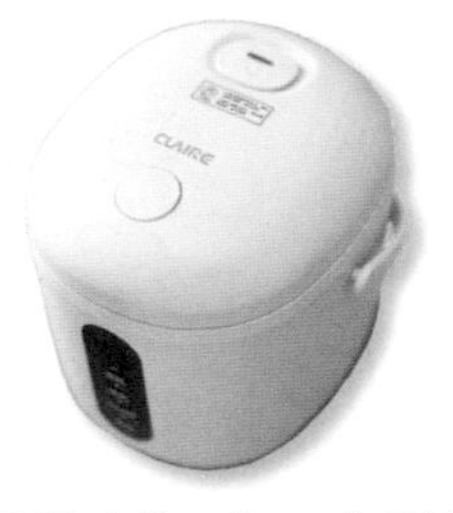

【CLAIRE Mini Cooker 小電子鍋】

體積輕巧、好操作，CP 值高的一款煮飯電子鍋。我通常用來烹調炊飯，像書中的和風雞肉野菇炊飯、鮭魚菇菇炊飯、麻油雞猴頭菇炊飯等，一鍋就能搞定，很適合烹調時間有限，又想吃熱騰騰飯料理的人。此外，小戶型家庭同樣適合！

【大同白色電鍋】

我覺得「白色」是大同電鍋中最美的顏色。電鍋可以製作的料理多不勝數，除了常見的煮飯、煮粥、蒸東西，它還可以用來煲湯、滷肉、燉菜……。此外，使用電鍋時還可以同時做其他事，又能達到油煙度，是小家庭或外宿者絕對必備的家電。

【YAMAZEN 溫控電熱壺】 私心推薦

可當作咖啡手沖壺，也可以燒開水，對於外宿族或小戶型的家庭來說非常實用。很快就能煮沸開水，不管是煮泡麵、泡杯茶，都輕輕鬆鬆。是我不可或缺的愛用品之一。

【BRUNO 多功能電烤盤】

簡單乾淨的設計、療癒人心的配色，很受廣大家庭歡迎。利用各種烤盤、深鍋，加上多段火力可調整，不管烤、煎、煮各種料理，都能游刃有餘。一台電烤盤可抵多種小家電，非常實用。

【TOSHIBA 小烤箱】

體積小巧、外型可愛，奶油白的顏色溫潤好看。除了烤吐司之外，不管是烤魚、烤肉、烤蔬菜、烤蛋等等我都試過，很適合用來烤一些 1 人份的家常小料理。

安安小評比 3

咖哩塊&醬料塊篇

市售咖哩一整排，選擇障礙有困難。以下我統整連鎖超商最容易買到的 8 種咖哩塊、醬料塊，獻給忙碌的煮夫、煮婦、上班族們。

House 好侍

【佛蒙特咖哩】

紅色蜂蜜蘋果甜味

辣度 ▶ ☆☆☆☆☆
甜度 ▶ ★★★★☆

我覺得 House 好侍佛蒙特系列的口味都偏甜，喜歡甜味咖哩的人一定要試試。跟蘋果塊一起煮，是很適合小朋友的味道。

綠色蜂蜜蘋果中辣

辣度 ▶ ★☆☆☆☆
甜度 ▶ ★★★☆☆

喜歡調味鹹一點，但又非常怕辣的人，比起紅色甜味，就可以選擇綠色中辣度的。

藍色蜂蜜蘋果辣味

辣度 ▶ ★★☆☆☆
甜度 ▶ ★★★☆☆

它的辣度是用來提香增味，對我來說不會辣。在這系列偏甜的口味中，屬於鹹度較高。偏黃的色澤，與薑黃風味小雞飯糰很搭配。

【北海道白醬料理塊】

藍色原味

辣度 ▶ ☆☆☆☆☆　甜度 ▶ ★★★☆☆

打開就會聞到濃濃的奶味，適合製作各種奶油白醬料理，像是奶油炊飯、奶油義大利麵、奶油燉飯、奶油焗飯等等。

綠色奶油玉米

辣度 ▶ ☆☆☆☆☆　甜度 ▶ ★★★★★

散發玉米濃湯的香氣，做成料理很受小朋友的喜愛。可以搭配各類蔬菜、花椰菜、蘑菇、馬鈴薯烹調，尤其再加入玉米，就是一碗豐盛的濃湯。配白飯也很好吃。

SB 愛思必

【金牌咖哩】

綠色中辣

辣度 ▶ ★★★☆☆
甜度 ▶ ★☆☆☆☆

我覺得 SB 愛思必是很有日式咖哩風情的一個系列。煮好的料理濃稠度高，偏深咖啡色。喜歡濃稠微辣口味的人，不能錯過這款綠色中辣咖哩。

橘色甜味

辣度 ▶ ★☆☆☆☆
甜度 ▶ ★★☆☆☆

和蘋果塊一起熬煮馬鈴薯胡蘿蔔咖哩非常美味。我喜歡它偏深咖啡的顏色和濃稠度，調味適中，不會太鹹，想推薦給喜歡甜味咖哩的人。

【SB 特樂口野菜咖哩】

紅色素食

辣度 ▶ ★☆☆☆☆
甜度 ▶ ★★☆☆☆

貼心的 SB 愛思必還出了素食款的野菜咖哩塊。咖哩塊偏綠的色澤令人印象深刻，風味一樣很香濃，跟蔬菜一起煮成蔬食咖哩風味絕讚。

懶人快手飯麵

PART 4

飽口又滿足的快手飯麵，每一道都是幸福的美味。各種炊飯、燜麵、飯食、麵點，熱騰騰上桌，暖心又暖胃。不管是忙碌的上班族，還是打點一家大小的煮夫煮婦，都可以輕鬆照顧好飢腸轆轆的脾胃，讓每天勞碌的身心，休息一下，心滿意足充飽電。

胡麻涼麵

難易度 ▶ ★★★　**零油煙** ▶ ∫∫∫

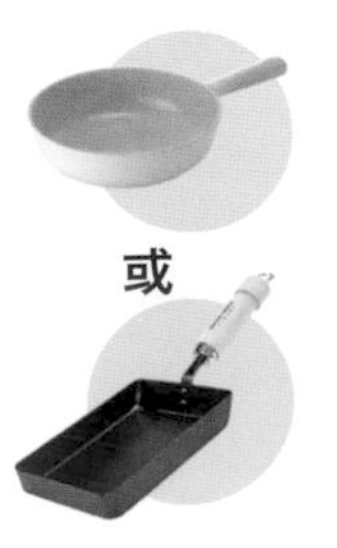

■ 材料

- 火腿 1 片
- 生油麵 1 人份
- 胡蘿蔔 1/4 根
- 小黃瓜 1/4 根
- 雞蛋 1 顆
- 豆皮數塊

〈醬料〉

- 芝麻醬適量
- 辣油適量
- 熟白芝麻適量

■ **做法**

將油倒入鍋中熱油，把切絲的火腿、胡蘿蔔絲煎熟。

豆皮煮軟，切絲。

將雞蛋打入容器中，攪拌均勻。

將油倒入鍋中熱油，倒入蛋液煎熟，取出切成蛋絲。

備一鍋滾水，放入生油麵煮熟，撈出。

撈出的油麵放入冰塊水中冰鎮，讓口感更Q彈。

將火腿絲、蛋絲、小黃瓜絲、胡蘿蔔絲、豆皮絲鋪排在油麵上。

淋上芝麻醬、辣油，最後撒上一點白芝麻即可。

芝麻醬加上辣油的滋味是絕配！只要一點點辣油，就能提出芝麻醬的香甜。選擇帶有蒜末的辣油，吃起來更涮嘴。

礦工蛋奶麵

難易度 ▸ ★★★　油煙度 ▸ ∫∫∫

■ **材料**

- 奶油 1 小塊
- 雞蛋 2 顆
- 義大利麵 1 把
- 培根 2 片
- 牛奶約 100 毫升
- 莫札瑞拉起司絲適量
- 起司片 1 片
- 洋蔥丁適量
- 黑胡椒適量

■做法

備一鍋滾水，加入 1 小匙鹽煮義大利麵。煮約包裝上的建議時間少約 2 分鐘，撈出備用。

取 1 顆蛋黃、莫札瑞拉起司和黑胡椒拌勻成起司蛋黃醬。

鑄鐵鍋燒熱，放入奶油融化。

放入培根、洋蔥丁煎熟。

放入義大利麵、1 大匙煮麵水，再倒入牛奶翻炒收汁。

轉小火，倒入起司蛋黃醬煮約 8 秒立即關火。

特別喜愛起司風味的人，也可以加放起司片。

中間打入 1 顆蛋黃，趁熱拌食即可。

培根蛋奶麵的名字來自義大利文 Carbonara，就是礦工的意思，傳說最初是由礦工所做的料理。廣為流傳後，已變化出許多自家口味。

蕃茄
雞蛋燜麵

難易度 ▶ ★★★　油煙度 ▶ SSS

■ **材料**

· 雞蛋 1 顆
· 蕃茄 1 顆
· 細麵條 1 把
· 牛肉片 100 克
· 蒜末適量
· 辣椒末適量
· 蔥花適量

〈**醬料**〉

· 醬油 2 小匙
· 蠔油 1 小匙
· 蕃茄醬 2 大匙
· 鹽 1/2 小匙

■做法

1 備一鍋滾水，放入細麵條煮約 1 分鐘，不用煮熟，煮至微軟，撈出瀝乾。

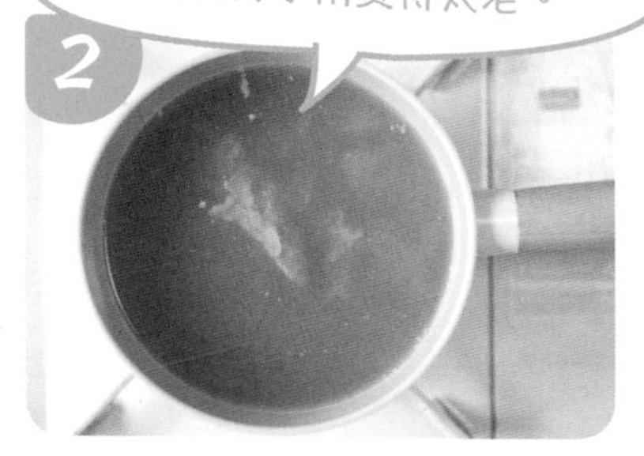

2 備一鍋滾水，放入牛肉片稍微燙熟。撈起備用。

3 蕃茄洗淨後切小塊。

4 將油倒入鍋中熱油，打入雞蛋，煎 1 顆荷包蛋。

5 將油倒入小煲鍋中熱油，放入蕃茄塊翻炒至出水。

6 放入醬料的材料、300 ～ 400 毫升的水煮滾，放入麵條。

7 放入燙熟的牛肉片、煎好的荷包蛋。

8 蓋上鍋蓋，再燜煮 5 分鐘即可。

Ann's Tips

最後可以撒上蔥花，或放上幾片九層塔增色提味。

鍋燒意麵

難易度 ▸ ★★★　油煙度 ▸

■ 材料

- 意麵 1 塊
- 昆布數塊
- 柴魚片 1 把
- 蝦子 2 尾
- 透抽 1 小塊
- 蛤蜊 2 顆
- 魚板 1 片
- 竹輪 1 條
- 丸子 2 顆
- 葉菜數片
- 雞蛋 1 顆
- 蒜末適量
- 辣椒末適量
- 蔥花適量
- 醬油 1 大匙
- 鹽 1 小匙

■做法

將蝦子剝去蝦殼，保留蝦頭，蝦殼先不要丟掉。

備一鍋滾水，關火再放入柴魚片浸泡 15 分鐘。

撈出柴魚片，即為柴魚湯底。

在柴魚湯底中放入剪成小塊的昆布和保留的蝦殼，熬煮 15 分鐘後撈出。

加入醬油、鹽，繼續放入除了雞蛋、意麵之外的所有食材。

將 1 顆雞蛋打入鍋中，煮 1 顆蛋包。

放入意麵燜軟，盛入容器中即可享用。

意麵是已經油炸過的，最後再放入，以免麵條過爛。撒上些許蔥花、辣椒末提味，風味絕佳。

簡單味噌拉麵

難易度 ★★★　油煙度 SSS

■ **材料**

- 拉麵 1 坨
- 雞蛋 1 顆
- 火腿 2 片
- 肉片 2 片
- 海苔 1 片
- 蛤蜊 4 顆
- 蝦皮 1 小把
- 昆布數塊
- 蒜末適量
- 熟白芝麻適量
- 蔥花適量
- 鹽少許

〈醬料〉

- 味噌 1 大匙
- 牛奶約 100 毫升
- 醬油 2 大匙
- 雞湯塊 1 小塊

■ 做法

備一鍋滾水，放入蝦皮、昆布、醬油、雞湯塊煮 10 分鐘。

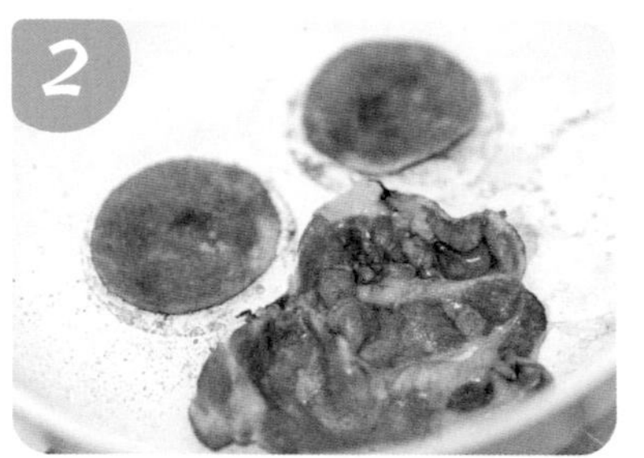

將火腿用模型裁成圓形，當成叉燒肉，然後和肉片煎熟，備用。

雞蛋做成溏心蛋，備用。

撈出做法 1 湯底中的蝦皮。

接著倒入約 100 毫升的牛奶繼續煮滾約 3 分鐘，待牛奶完全融入湯底，再放入蛤蜊煮熟。

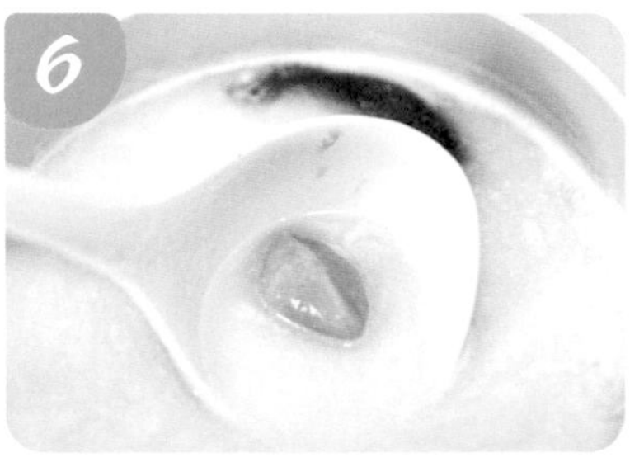

關火後，加入 1 大匙味噌攪開，稍微加熱 1 分鐘，使味噌完全溶化。

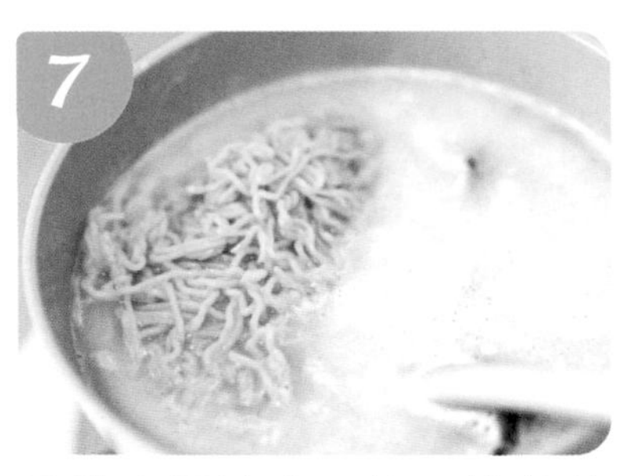

另備一鍋滾水，放入拉麵條煮約 2 分鐘至熟，撈出瀝乾。

將湯底舀入麵碗中，將拉麵、溏心蛋、火腿、肉片、蛤蜊鋪排好，撒上蒜末、蔥花和熟白芝麻，可放入海苔點綴。

味噌不適合煮太久，味噌香氣易散失了，也會流失營養。若有篩網，也可將味噌放於篩網中攪拌，可以濾掉一些豆渣，讓湯的口感更細緻。

日式流水麵

難易度 ▶ ★★★　零油煙 ▶

■ 材料

· 白素麵 1 把
· 雞蛋 1 顆
· 芥末適量

〈醬料〉
· 日式鰹魚醬油適量
· 蔥花適量
· 熟白芝麻適量

■ 做法

備一鍋滾水，放入白素麵煮軟，撈起備用。

準備一碗冰塊水。

將白素麵放入冰塊水中，稍微揉洗去多餘的澱粉。

將素麵一坨一坨捲起，擺放於盤中。

將鰹魚醬油、蔥花、熟白芝麻混合為醬料。

將雞蛋事先製作成溏心蛋，切開擺盤，擺上醬料、芥末即可。

1. 把麵煮軟煮熟後，放進冰塊水中冰鎮一下，可以讓麵條更Q彈，也比較不會黏在一起。但是也不要冰鎮太久喔！這樣麵條可能會吸收過多水而糊掉。
2. 溏心蛋的做法可參照 p.73。

絲瓜
蚵仔麵線

鮮甜清脆的絲瓜搭配海鮮，
樸實卻又滿足的滋味。

難易度 ▶ ★★★　油煙度 ▶

■ 材料

· 小條絲瓜 1 條	· 薑絲 20 克
· 蚵仔適量	· 鹽適量
· 白麵線 1 把	· 米酒 1 大匙
· 蒜酥 1 小匙	· 罐頭高湯 1 碗

■ **做法**

絲瓜去掉蒂頭、削除外皮，洗淨後切塊。備妥薑絲。

高湯倒入容器中，放入白麵線泡軟，取出備用。

將油倒入鍋中熱油，放入薑絲爆香。

加入絲瓜塊稍微拌炒，倒入剛剛的高湯，加點鹽調味。

加入處理乾淨的蚵仔煮約 3 ～ 5 分鐘。

加入泡軟的麵線烹煮約 5 分鐘。

淋入米酒，最後撒上蒜酥即可。

1. 絲瓜剖成 4 瓣，再橫切成 2 公分厚的三角形，大小適中較易入口。
2. 蚵仔務必新鮮，更能提出絲瓜鮮甜味。

日式鮭魚湯泡飯

難易度 ▸ ★★★　油煙度 ▸ SSS

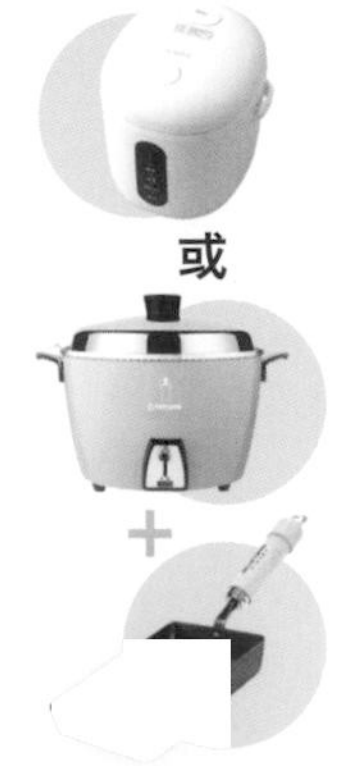

■ 材料

- 鮭魚 1/4 片
- 白米 1 杯
- 海帶芽 10 克
- 海苔絲少許
- 鰹魚醬油 1 大匙
- 熟白芝麻適量

■ 做法

將海帶芽磨碎。

將白米 1 杯、水約 1.2 杯放入電子鍋，按下一般煮飯模式。

飯煮好後打開鍋蓋，放入磨碎的海帶芽，蓋上鍋蓋燜約 5 分鐘，將海帶芽燜軟即可。

將整塊鮭魚煎至兩面呈金黃色備用。

將白飯舀入容器中，放入鮭魚，翻拌混合成鮭魚海帶芽飯，混拌時順便挑出魚刺。

將鮭魚海帶芽飯捏成糰，放在容器中間，撒上海苔絲。

將約 300 毫升的水加入鰹魚醬油 1 大匙，加熱煮滾，即為湯汁。

將湯汁從碗周圍淋入，淋在鮭魚海帶芽飯的外圍，撒上海苔絲即可享用。

市售的鮭魚片通常還是有刺，在和飯拌勻時挑出即可。煎鮭魚所產生的鮭魚油不要丟掉，一起拌入飯中，更能增添香氣。

泡菜起司炒飯

難易度 ▸ ★★★　油煙度 ▸ ∫∫∫

或

■ **材料**

- 隔夜飯 1 碗
- 午餐肉 1/2 盒
- 雞蛋 2 顆
- 泡菜適量
- 起司片 1 片
- 醬油適量
- 泡菜汁適量
- 黑胡椒適量

■ **做法**

取出午餐肉，切丁。

將油倒入鍋中熱油，放入午餐肉丁，煎至呈金黃色。

放入泡菜和泡菜汁一起翻炒。

放入隔夜飯一起翻炒。

倒入醬油一起翻炒，炒至飯微焦時，將炒飯盛入圓形碗中。

倒扣進小圓扁鍋呈半圓球狀，以小火加熱。

將攪拌均勻的蛋液淋在炒飯周圍。

鋪上 1 片起司，以小火加熱至起司片融化即可。

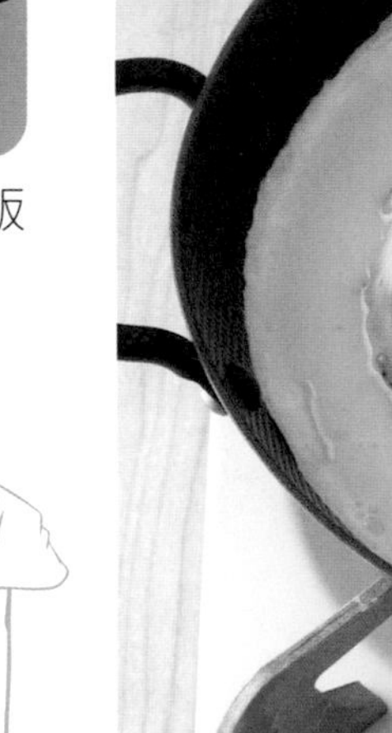

Ann's Tips

泡菜汁多加入一點，風味更濃郁，喜愛吃重口味料理的人可以試試。

和風雞肉野菇炊飯

難易度 ▸ ★★★　油煙度 ▸ SSS

■ **材料**

- 雞里肌肉塊約 125 克
- 鴻喜菇約 25 克
- 雪白菇約 25 克
- 白米 1 杯
- 胡蘿蔔 1/4 根
- 蔥花適量
- 熟白芝麻適量
- 醬油 2 大匙

■做法

1 將油倒入鍋中熱油，放入雞里肌肉塊煎熟，備用。

2 將 1 杯白米、水約 1.2 杯、2 大匙醬油放入電子鍋中。

3 放入胡蘿蔔末拌勻。

4 排入鴻喜菇、雪白菇。

5 排入煎好的雞里肌肉塊，蓋上電子鍋蓋，按下一般煮飯模式。

6 煮好後打開電子鍋蓋。

7 拌勻白飯和所有食材，盛入容器中，撒上蔥花、熟白芝麻即可。

鮭魚菇菇炊飯

難易度 ▸ ★★★ 油煙度 ▸

■ **材料**

- 鮭魚約 1/2 片
- 鴻喜菇約 50 克
- 胡蘿蔔 1/4 根
- 白米 1 杯
- 蔥花適量
- 熟白芝麻適量
- 蒜末適量
- 醬油 2 大匙

■ **做法**

將整塊鮭魚煎至兩面呈金黃色備用。

將 1 杯白米、水約 1.2 杯、醬油放入電子鍋中。

放入胡蘿蔔末拌勻。

放入剝好的鴻喜菇。

放入整塊鮭魚，淋上一些鍋中煎出的鮭魚油，蓋上電子鍋蓋，按下一般煮飯模式。

煮好後打開電子鍋蓋，撒上一半蔥花。

拌勻白飯和所有食材，盛入容器中，撒上剩下的蔥花和熟白芝麻即可。

麻油雞猴頭菇炊飯

難易度 ▶ ★★★　油煙度 ▶

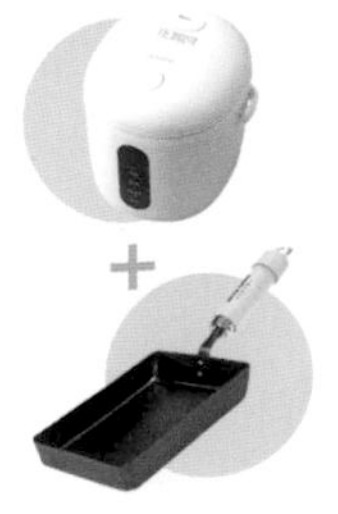

■ **材料**

- 麻油雙菇罐頭 1 罐
- 白米 1 杯
- 雞里肌肉適量
- 鴻喜菇約 25 克
- 蒜末適量
- 熟白芝麻適量
- 蔥花適量
- 醬油 1 小匙

■ **做法**

雞里肌肉塊煎熟後，再放入電子鍋中煮，米飯中也會有肉香。

將油倒入鍋中熱油，排入雞里肌肉塊煎熟，備用。

白米洗淨，倒入電子鍋內鍋，然後取麻油雙菇罐頭的湯汁 1.2 杯的份量，倒入鍋中。

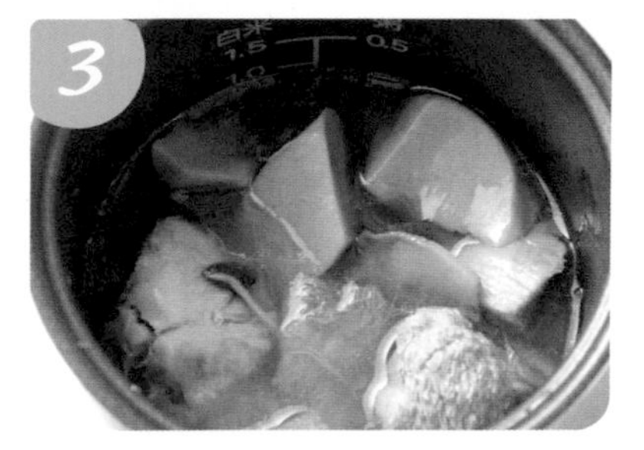

加入罐頭內的猴頭菇、杏鮑菇、薑片。

放入雞里肌肉塊、鴻喜菇。

蓋上電子鍋蓋，按下一般煮飯模式。

煮好後拌勻白飯和所有食材，盛入容器中，撒上蔥花和熟白芝麻即可。

Ann's Tips

薑和麻油都是養身進補的聖品。在冷冷的冬天，用麻油雙菇罐頭，再加上煎好的雞肉，簡簡單單就能做出充滿麻油香氣的麻油雞炊飯。手腳冰冷、體質虛寒的人來上一碗，不但暖身，更加暖心。

滑蛋牛肉丼

難易度 ▶ ★★★　油煙度 ▶ SSS

■ **材料**

- 牛肉片約 150 克
- 雞蛋 2 顆
- 洋蔥 1/4 顆
- 蒜末適量
- 蔥花適量
- 熟白芝麻適量

〈醬料〉

- 醬油 1 大匙
- 蠔油 1 大匙
- 蜂蜜 1 大匙

■ 做法

將雞蛋打入容器中，攪拌均勻。

將油倒入鍋中熱油，放入蒜末爆香。

加入洋蔥段，炒至洋蔥段呈半透明。

將牛肉片鋪在洋蔥段上面。

淋上攪拌均勻的醬料。

淋入攪拌均勻的蛋液。

蓋上鍋蓋將牛肉稍微燜熟，以小火煎至蛋液表面八分熟即可享用。

將白飯盛入容器中，滑蛋牛肉平鋪於飯上，撒些許蔥花、熟白芝麻即可享用。

煎蛋液時要特別注意火候，以小火慢煎，掌握下方全熟，上方八分熟，這是滑蛋的最佳口感。

火山燒肉丼飯

難易度 ▸ ★★★　油煙度 ▸ SSS

■ **材料**

· 牛肉片約 150 克
· 雞蛋 1 顆
· 白米 1 杯
· 蒜末適量
· 熟白芝麻適量
· 蔥花適量

〈醬料〉

· 蠔油 1 大匙
· 醬油 1 大匙
· 蜂蜜 1 大匙

■ **做法**

將油倒入鍋中熱油，放入蒜末爆香。

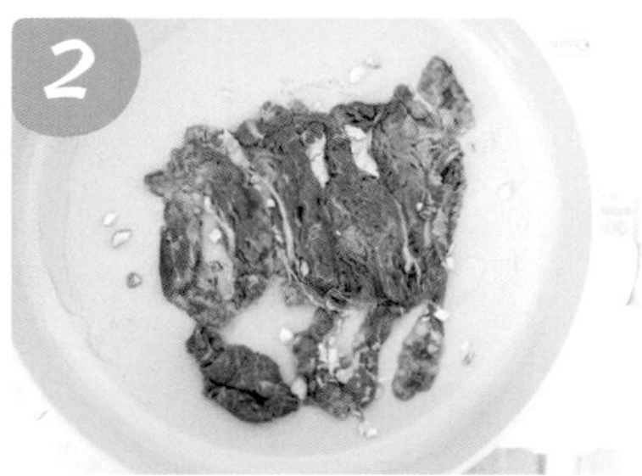

待聞到蒜末香氣，放入牛肉片。

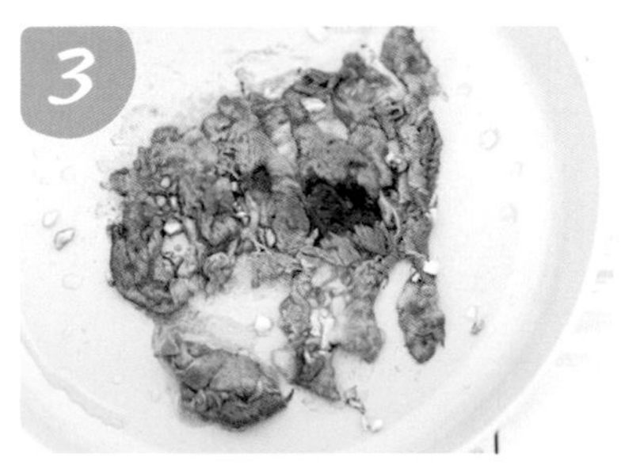

加入醬油、蠔油、蜂蜜和適量的水，煎至收汁。

將煮好的白飯盛入容器中，一層一層鋪上牛肉片。

在飯中間的洞放入 1 顆蛋黃。

最後加上適量的熟白芝麻、蔥花即可享用。

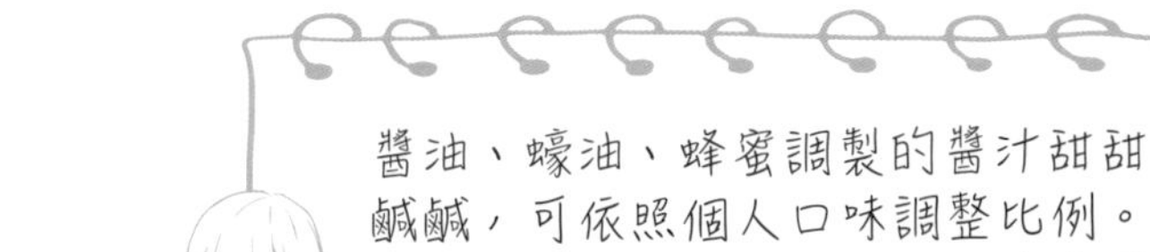

Ann's Tips

醬油、蠔油、蜂蜜調製的醬汁甜甜鹹鹹，可依照個人口味調整比例。這道蛋黃因為是生吃食用，建議選擇生食級雞蛋喔！

安安小評比 4

韓式醬料篇

韓式醬汁是韓式料理的靈魂。不論是部隊鍋、豆腐鍋、泡菜鍋、拌飯、炸雞……全部都會用到。韓式醬料怎麼選？大醬和烤肉醬又是什麼口味？分享給大家我的個人心得：

【韓廚辣椒醬】

辣度 ▸ ★★★★★　鹹度 ▸ ★★★★★

與「韓廚糯米辣椒醬」相比，是更純粹的韓式辣椒醬。不含糯米的甜味，辣度高，對於喜歡吃辣的人來說，很適合直接用來當作沾醬，不一定得再和其他醬料調和。

【韓廚糯米辣椒醬】

辣度 ▸ ★★★★★　鹹度 ▸ ★★★★☆

跟「韓廚辣椒醬」有些許不同，在於糯米辣椒醬更帶有一點點甜味，嘗起來個人覺得略帶炸醬風味，比較不適合單吃，建議跟蕃茄醬、糖、醬油等醬料混合，就能調出非常韓式口味的辣拌醬，尤其適合拌飯。

【新松辣椒醬】 私心推薦

辣度 ▸ ★★★☆☆　鹹度 ▸ ★★★☆☆

這款辣椒醬口味較不甜，辣度也夠，是我個人很喜歡的口味。相較於甜鹹混合，我更喜歡味道明確的醬料。這罐香氣很足，直接用來炒絞肉、製作韓式辣醬湯底都很合適。炒菜鹹香十足，非常下飯。

【CJ 綠盒烤肉包飯醬】

辣度 ▸ ★☆☆☆☆　鹹度 ▸ ★☆☆☆☆

搭配烤肉和生菜風味極佳，配上生蒜頭嗆辣涮嘴，非常順口、十分夠味，讓烤肉立刻充滿道地的韓式風情。

【清淨園韓國海鮮大醬】

辣度 ▸ ★☆☆☆☆　鹹度 ▸ ★★☆☆☆

這款韓式大醬煮出的湯頭微辣，非常鮮美，不用再做太多調味就非常好喝。味道濃郁、層次豐富，用來煮櫛瓜、豆腐、金針菇，都很夠味。湯頭不僅有豆香，還有海鮮的鮮味，不會死鹹，是我家裡必備的煮湯醬料。

安安小評比 5

韓式泡菜篇

不管是單吃還是入菜，泡菜都能恰如其分的點綴在料理之間。這麼好吃的食物，熱量卻不高，晚上餓了偷吃一口也不罪惡，冰箱沒有一罐怎麼行呢？

【慶尚北道韓式泡菜】

辣度 ▸ ★★☆☆☆　酸度 ▸ ★★☆☆☆

我最喜歡單吃的那罐泡菜。酸度、辣度都溫和涮嘴，打開後不會有很重的醃製臭味，還會帶有甜甜的回甘滋味。不僅單吃好吃，用炒豬肉、炒飯也都好吃！配酥炸臭豆腐也很搭！是「全聯臉書社團」中常常出現被推爆的泡菜。

【宗家府黑蓋泡菜】

辣度 ▸ ★★★★☆　酸度 ▸ ★★★★★

酸爽夠味，適合配白飯吃，搭著韓式海苔很下飯。許多人都說袋裝的「宗家府」口味跟韓國吃到的一模一樣，較為酸辣，而這罐黑蓋版本則帶了些許甜。兩種我都吃過，我比較喜歡黑蓋罐裝帶甜的，入口較為溫潤，順口不刺激。

【韓英正安泡菜】

辣度 ▸ ★★★★☆　酸度 ▸ ★★★★☆

中規中矩、適合各種場合的泡菜，酸度夠、鹹度夠、辣度夠，不會有其中一味特別重，適合入菜使用。

【大長新韓國泡菜】

辣度 ▸ ★★★★★　酸度 ▸ ★★★★☆

個人覺得辣度較高、酸鹹度也高，比較不甜，適合重口味的人。通常可用來做辣炒年糕等重口味的韓式小吃。

【梨花院韓式泡菜】

辣度 ▸ ★★★☆☆　酸度 ▸ ★★☆☆☆

鹹度較高，但酸度則不會太高，若是吃不慣韓式口味的人，可以嘗試這款梨花院泡菜。

PART 5 一鍋到底佳餚

一鍋到底的精神，就是燜煮、燉煮、熬煮。快速燜煮，香氣十足；慢火燉煮，軟嫩入味。經典的馬鈴薯燉肉、咖哩飯、玉米排骨湯……每一道都是絕對必學的料理。出鍋上桌，香氣四溢，原汁原味全都在熱鍋裡釋放，湯汁裡面充滿著食材的美味精華，這就是一鍋到底最棒的地方！

薑黃咖哩

難易度 ▶ ★★☆　油煙度 ▶ ∫∫∫

■ **材料**

- 馬鈴薯 2 顆
- 胡蘿蔔 1/2 根
- 牛肉片 200 克
- 洋蔥 1/4 顆
- 蒜末適量

〈醬料〉

- 薑黃粉 1 大匙
- 鹽少許
- 中辣風味咖哩塊 1/2 盒（1 大塊）

■ 做法

胡蘿蔔、馬鈴薯削皮後切塊。洋蔥切丁。

將油倒入鍋中熱油，放入蒜末爆香，並加入洋蔥丁炒至呈半透明。

放入胡蘿蔔塊、馬鈴薯塊翻炒，加入水淹過食材，燜煮約 20 分鐘至食材熟透軟化。

放入咖哩塊攪拌至其溶化，烹調過程中要攪拌，是為了避免焦底。

放入牛肉片再燉煮 10 ～ 15 分鐘，以鹽調味，加入薑黃粉拌勻，增添風味。

可以搭配薑黃飯一起享用。

簡易薑黃飯 DIY：
以 1 杯白米為例，將白米洗淨，放入電子鍋，加入 1.2 杯水（與平時煮飯相同比例），並加入適量薑黃粉拌勻，按下一般煮飯模式，就可以煮出美美的薑黃風味飯囉！再搭配海苔捏成可愛的小雞飯糰吧！

蘋果咖哩

難易度 ▶ ★★★　油煙度 ▶ ∫∫∫

■ **材料**

- 馬鈴薯 2 顆
- 胡蘿蔔 1/2 根
- 牛肉片 200 克
- 洋蔥 1/4 顆
- 蘋果 2 顆
- 蒜末適量

〈醬料〉

- 蜂蜜 1 大匙
- 鹽少許
- 甜味風味的咖哩塊 1/2 盒（1 大塊）

■ **做法**

胡蘿蔔、馬鈴薯和蘋果削皮後切塊。洋蔥切丁。

將油倒入鍋中熱油，放入蒜末爆香，並加入洋蔥丁炒至呈半透明。

放入胡蘿蔔塊、馬鈴薯塊和一半的蘋果塊翻炒。

加入水淹過食材，燜煮約 20 分鐘至食材熟透軟化。

5

放入牛肉片燜煮約 10 分鐘。

放入剩下的蘋果塊。

放入咖哩塊攪拌至其溶化，繼續熬煮 10 分鐘即可，最後可用鹽調整鹹度。

1. 想要咖哩更加濃稠的話，可以加入更多的馬鈴薯。馬鈴薯的澱粉，會讓咖哩更加濃稠，所以除了大塊的馬鈴薯，也可以將馬鈴薯切絲或切丁加入一起熬煮，讓咖哩更濃郁。
2. 蘋果削皮切塊後容易氧化，可泡在鹽水中，維持嫩黃的顏色。
3. 特別將蘋果塊分 2 次加入鍋中，一開始加入的蘋果塊是為了融入咖哩中，讓咖哩充滿蘋果香氣、更甘甜好吃，最後會煮到化於咖哩中。而最後加入的蘋果塊，保有原味和脆度，吃到時會覺得很驚喜，所以特別分 2 次加入。

薑汁燉肉

難易度 ▶ ★★★　油煙度 ▶

■ **材料**

· 豬肉片 200 克
· 洋蔥 1/2 顆
· 胡蘿蔔 1/2 根
· 馬鈴薯 1 顆
· 蒜末適量
· 熟白芝麻適量

〈醬料〉

· 醬油 3 大匙
· 味醂 1 大匙
· 米酒 1 大匙
· 薑泥 2 大匙

■ **做法**

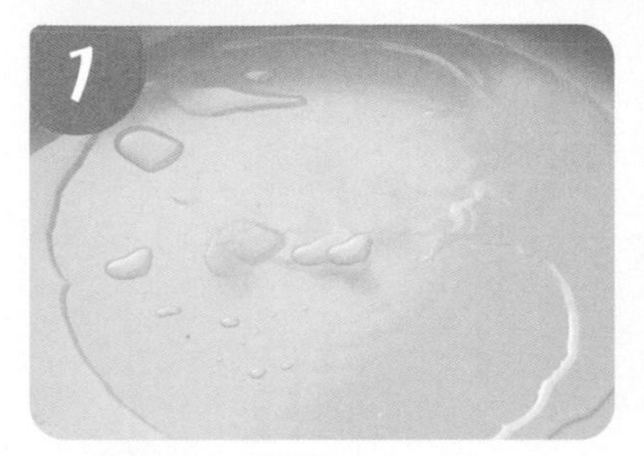

將油倒入鍋中熱油。

放入蒜末爆香。

加入洋蔥段，炒至洋蔥段呈半透明。

加入胡蘿蔔塊、馬鈴薯塊一起翻炒。

加入適量水（約 800 毫升）、醬油、味醂、米酒煮滾，並加入肉片燉煮約 30 分鐘。

最後加入薑泥，燉煮 5 ～ 10 分鐘，撒上熟白芝麻即可。

1. 我喜歡馬鈴薯、胡蘿蔔和肉片煮 40 分鐘以上的軟嫩口感，記得要選擇帶有油花的肉片，燉起來才不會乾柴。
2. 薑泥越多越香，建議至少要磨出 2 大匙的量，香氣才足。
3. 更方便的薑汁燒肉做法，是少了馬鈴薯和胡蘿蔔，以快炒的方式取代燉煮，同樣非常適合當成便當菜。

馬鈴薯燉肉

難易度 ▸ ★★☆ 油煙度 ▸ ⟆⟆⟆⟆

■ **材料**

- 馬鈴薯 1 顆
- 胡蘿蔔 1/2 條
- 洋蔥 1/4 顆
- 牛肉片 200 克
- 昆布 2 ~ 3 小片
- 乾辣椒適量
- 蒜末適量
- 蔥花適量
- 熟白芝麻適量

〈醬料〉

- 醬油 3 大匙
- 味醂 1 大匙
- 米酒 3 大匙

■ **做法**

取一鍋子，加入約 800 毫升的水，放入昆布、乾辣椒煮約 5 分鐘，即成昆布湯底。

取另一湯鍋，將油倒入鍋中熱油，放入蒜末爆香。

加入洋蔥段，炒至呈半透明。

加入胡蘿蔔塊、馬鈴薯塊稍微翻炒一下。

加入醬油、味醂和米酒。

倒入做法 1 的昆布湯底煮滾。

放入牛肉片，以小火燉煮約 40 分鐘，煮至湯汁剩下一半左右、鹹度適中。過程中可補水。

盛入容器中，撒上蒜末、蔥花和熟白芝麻即可。

我喜歡燉煮 40 分鐘後，馬鈴薯和胡蘿蔔都軟爛熟透的口感。長時間燉煮，水會一直蒸發，過程中可補水，最後收汁至鹹度剛好即可。

剝皮辣椒雞湯

難易度 ▶ ★★★　油煙度 ▶

或

■ 材料

- 雞腿 1 支
- 剝皮辣椒數根
- 高麗菜數片
- 鴻喜菇 25 克
- 薑片少許
- 蒜頭數顆
- 蔥花適量
- 蔥段適量

〈醬料〉

- 醬油 2 大匙
- 砂糖 1 小匙
- 剝皮辣椒汁 5 大匙
- 米酒 1 大匙

■ 做法

備一鍋滾水，放入雞腿、薑片汆燙熟，取出備用。

將約 800 毫升的水、醬油、砂糖、雞腿、1 根剝皮辣椒放入湯鍋中。

加入蔥段、5 大匙剝皮辣椒汁和米酒煮約 10 分鐘。

放入高麗菜、鴻喜菇煮約 20 分鐘。

加入剩下的剝皮辣椒煮約 5 分鐘。

盛入湯碗中，也可以撒上蔥花，即可享用。

剝皮辣椒煮出的湯，鹹香嗆辣、特別好喝。一定要加入剝皮辣椒汁一起煮，每家的鹹度不同，可根據喜好調整。最後再加入幾根剝皮辣椒，以保有爽脆的口感。

蒜頭香菇雞湯

忙碌的工作偶爾也需要一碗養生湯，自選食材絕對營養。

難易度 ▸ ★★☆　油煙度 ▸ 〻〻〻

■ **材料**

- 新鮮香菇數朵
- 帶皮雞肉約 200 克
- 蛤蜊數顆
- 枸杞少許
- 蔥花適量
- 蒜頭數顆
- 蒜末適量

〈**醬料**〉

- 醬油 3 大匙
- 砂糖 1 小匙

▪ 做法

1. 將蛤蜊放入鹽水中，使其吐沙。

2. 將雞肉以少許蒜末、1 大匙醬油醃漬 10 分鐘。

3. 新鮮香菇中間刻十字花，泡水。

4. 蒜頭剝皮，將一瓣瓣蒜仁放在容器中。

5. 熱油爆香蒜末、放入雞肉翻炒一下，加入約 800 毫升的水、醬油、砂糖、蒜頭、香菇、雞肉燉煮約 40 分鐘。

6. 起鍋前 10 分鐘，放入蛤蜊煮至熟。

7. 最後，放入枸杞稍微煮一下即可。

8. 趁熱享用美味的湯。

1. 燉煮過程中如果水乾了，可適時補水，此外，也可用電鍋代替直火燉煮。
2. 試試將蒜頭放入瓶子，蓋緊蓋子，上下多次搖晃瓶子，蒜頭就能自動剝皮囉！

玉米排骨湯

難易度 ▸ ★☆☆　油煙度 ▸

■ **材料**

- 豬排骨約 200 克
- 甜玉米 1 根
- 白蘿蔔 1/4 根
- 胡蘿蔔 1/4 根
- 薑片少許
- 昆布數片
- 鹽 2 小匙
- 蔥花適量
- 枸杞適量

■ **做法**

備一鍋滾水，放入排骨、薑片汆燙熟，取出瀝乾。

將油倒入鍋中熱油，放入蒜末爆香。

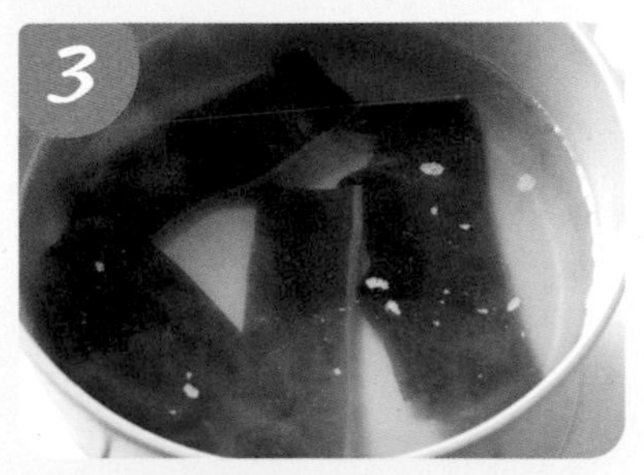

倒入約 800 毫升的水、昆布煮約 5 分鐘，即成昆布湯底。

加入甜玉米塊、白蘿蔔片和胡蘿蔔塊一起煮。

放入汆燙好的排骨，蓋上鍋蓋燜煮約 30 分鐘，依喜好最後也可以撒上蔥花。

加入鹽，撒入枸杞，再煮約 10 分鐘即可。

我喜歡胡蘿蔔燉到軟爛熟透的口感。一口大小的胡蘿蔔塊，要燉到軟爛，至少需要燉 40 分鐘，燉越久越好吃。這裡使用的是超商買的燉湯用排骨，購買時已切成小塊。若使用的是較大塊的排骨，建議燉 90 分鐘以上，才會有軟嫩入味的口感。

日式鯛魚牛奶鍋

濃郁的湯頭、鮮甜的海鮮食材，一鍋犒賞辛勞的自己。

難易度 ▶ ★☆☆　油煙度 ▶

■ 材料

- 鯛魚片 1 片
- 蛤蜊數顆
- 豆腐 1 盒
- 透抽等海鮮類適量
- 昆布數塊
- 蝦皮 1 小把
- 蔥花適量

〈醬料〉

- 醬油 2 大匙
- 鹽 1 小匙
- 牛奶 100 毫升

■ **做法**

將蛤蜊放入鹽水中，使其吐沙。

鯛魚片切成易入口的塊狀。

備一鍋滾水，放入蝦皮、昆布、醬油、鹽煮約 10 分鐘。

撈出滾水中的蝦皮。

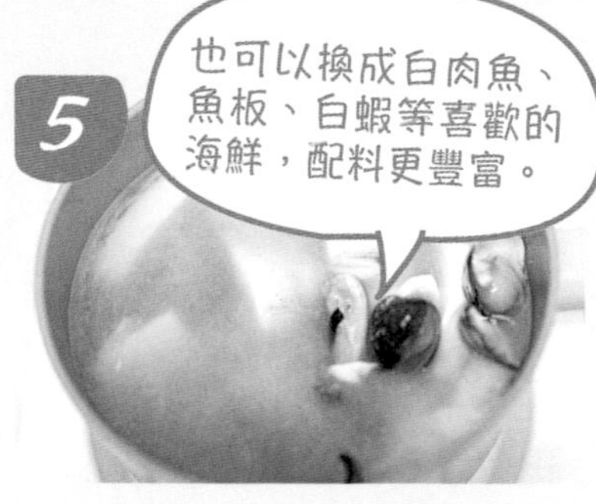

放入切片的豆腐、鯛魚塊、蛤蜊、透抽等海鮮類。

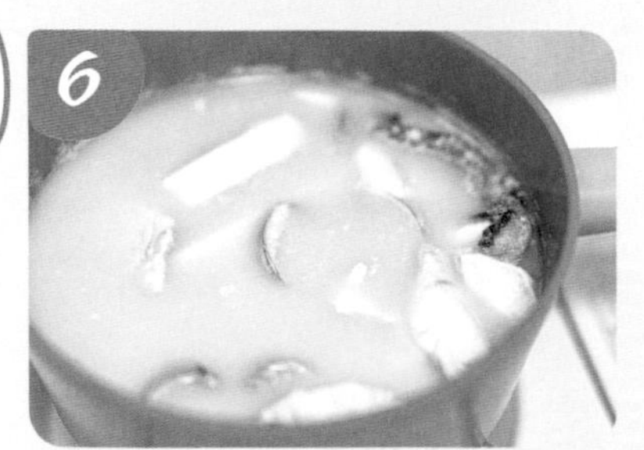

倒入牛奶煮滾即可，最後可加入蔥花。

鯛魚牛奶鍋趁熱享用最美味！

Ann's Tips

1. 鯛魚片用來煮湯類料理時，可以順著鯛魚的紋路方向切塊，即為順紋切，烹煮時，魚肉才不會容易碎掉散落。
2. 鯛魚脂肪低而富含蛋白質，想飽足一餐卻又害怕攝取過多熱量時，就很適合享用這道美味料理。若對魚類腥味較為敏感，也可以先以薑絲煮過鯛魚塊，即可去除腥味。
3. 以蝦皮、昆布和醬油，就可煮出清爽的湯底，再加入牛奶變得更加香濃。若手邊沒有蝦皮和昆布，也可以使用雞湯塊代替，鹹度可依照個人的口味調整。

韓式豬肉豆腐鍋

難易度 ▶ ★★☆　油煙度 ▶ SSS

■ **材料**

- 豆腐 150 克
- 豬肉片約 100 克
- 鴻喜菇約 25 克
- 雪白菇約 25 克
- 金針菇約 25 克
- 香菇數朵
- 蛤蜊數顆
- 絞肉 100 克
- 雞蛋 1 顆
- 高麗菜 3 ~ 4 片
- 蒜末適量
- 蔥花適量
- 熟白芝麻適量
- 韓式粗辣椒粉 1 小匙

〈**醬料**〉

- 韓式辣椒醬 3 大匙
- 蕃茄醬 2 大匙
- 砂糖 1 大匙
- 醬油 1 小匙

■ **做法**

將油倒入鍋中熱油，放入蒜末爆香。

將絞肉、蔥花放入鍋中炒香。

倒入混勻的辣椒醬、蕃茄醬、砂糖和醬油，翻炒至聞到香氣。

加入約 800 ～ 900 毫升的水煮滾。

依序將高麗菜、切片的豆腐、鴻喜菇、雪白菇和金針菇排入鍋中。

再放入豬肉片、蛤蜊，煮至食材全部熟透。

將 1 顆雞蛋打入，撒上熟白芝麻和韓式粗辣椒粉即可。

呈粗碎粉狀的韓國粗辣椒粉的顆粒較大，辣度比細辣椒粉低，除了增添些許辣味，更能點綴料理，增加食慾，可用在湯料理中。每種韓式辣椒醬鹹度、辣度不同，可依個人喜好調整濃淡。

豆皮肥牛粉絲煲

難易度 ▸ ★★☆　油煙度 ▸ ⟆⟆⟆

或

■ **材料**

- 肥牛肉片約 100 克
- 粉絲 1 把
- 金針菇 1 把
- 乾豆皮數塊
- 蔥花適量

〈醬料〉

- 蒜末適量
- 辣椒末適量
- 熟白芝麻適量
- 醬油 2 大匙
- 蠔油 1 小匙
- 芝麻醬 1 大匙

■ **做法**

先將粉絲用溫水泡開，牛肉片和乾豆皮稍微燙過備用。

將 1 大匙油倒入鍋中熱油，放入蒜末爆香。

先放上金針菇，再放上泡開的粉絲。

放入燙過的牛肉片。

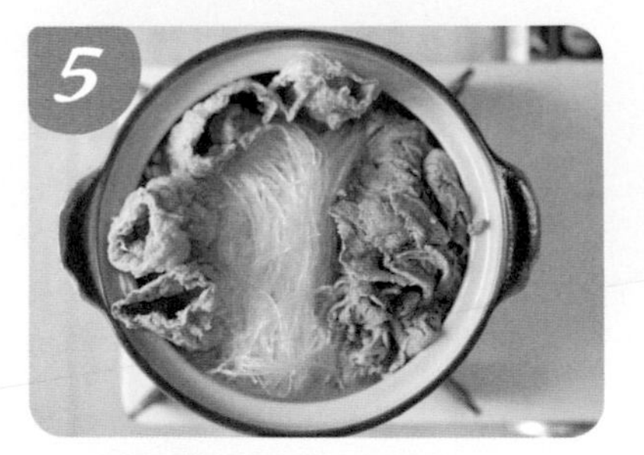

放入燙過的豆皮。

淋上混拌均勻的醬油、蠔油、芝麻醬、熟白芝麻、蒜末和辣椒末。

倒入約 400 毫升的水淹過金針菇，蓋上鍋蓋，燜煮 5 分鐘。

打開鍋蓋，撒些白芝麻、蔥花即可。

燜煮時，水淹過金針菇即可，若水加太多，淹過粉絲的話，容易使粉絲太過軟爛。

PART 6 私房宴客好菜

最適合好朋友、好閨密來家裡時端上桌的好菜。有適合配飯下酒的料理，也有好看又好吃的鍋物。中西日韓全都有，海陸雙拼全上桌。色香味俱全，增加聚會的歡樂小驚喜。喜歡找三五好友來家裡小酌一番，就一定要學會這個單元的私房宴客好菜。

小花紫菜飯捲

難易度 ▸ ★★★　油煙度 ▸

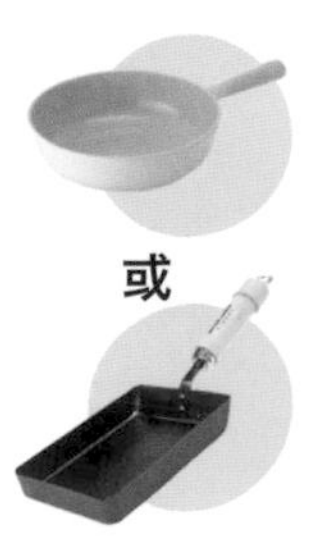

■ **材料**

- 大片海苔 4 張
- 白飯適量
- 蟹肉棒 2 條
- 午餐肉 3 片
- 小黃瓜適量
- 胡蘿蔔絲適量
- 雞蛋 1 顆

〈醬料〉

- 熟白芝麻適量
- 辣椒末適量
- 蔥花適量
- 醬油 1 大匙

■做法

將油倒入鍋中熱油，倒入蛋液煎熟，取出切成蛋皮條。

接著放入午餐肉片，煎至兩面都呈金黃色，取出切條。

繼續放入胡蘿蔔絲、蟹肉棒煎熟，取出備用。

攤開2張切半的海苔，分別放上小黃瓜條、白飯。

另攤開2張切半的海苔，分別放上蛋皮條、午餐肉條。

另攤開2張切半的海苔，分別放上胡蘿蔔絲、蟹肉棒。

分別往前捲起，捲成6條細捲。

將5條有色的細捲包圍白飯細捲，排成花形，再以全張海苔捲起。邊緣可用水或飯粒黏實。切開時，剖面會呈小花圖案。

用細捲包成的小花飯糰，捲起時較不會捲得餡料散落一桌。細捲內食材盡量塞滿壓實，才不會有空心的剖面。

西班牙風味海鮮烤蛋

難易度 ▶ ★★★　油煙度 ▶ ∫∫∫

■ 材料

- 小蕃茄約數顆
- 蝦仁適量
- 透抽適量
- 雞蛋 3 顆
- 牛奶約 100 毫升
- 九層塔適量
- 砂糖少許
- 鹽 1 小匙
- 米酒 1 大匙
- 胡椒粉 1 小匙

■ **做法**

小蕃茄洗淨擦乾，然後切片。

蝦仁擦乾後放入容器，倒入米酒醃約 10 分鐘。

醃蝦仁時，將雞蛋打入碗中，加入牛奶、鹽和胡椒粉拌勻。

將油倒入鍋中熱油，放入醃好的蝦仁。

同時將切圈的透抽一起放入鍋中，稍微煎一下。

將小蕃茄、蝦仁、透抽、九層塔放入烤盤中。

淋上拌勻的牛奶蛋液，高度約淹過一半的食材。

放入小烤箱烤熟，或放入大烤箱以 180°C烤約 5 ～ 10 分鐘至食材熟了即可。

先把海鮮稍微煎過，就不會蛋熟了海鮮卻還沒熟。每個人家中的烤箱火力和溫度都不同，中高溫烤蛋約 5 ～ 10 分鐘，呈金黃色就可以出鍋了。

酸爽海陸雙拼

難易度 ▶ ★★★　油煙度 ▶ 〰〰〰

■ **材料**

· 蛤蜊適量
· 鮮蝦適量
· 各種海鮮適量
· 薑 1 塊
· 牛肉數片
· 蒜末適量
· 辣椒末適量
· 蔥花適量
· 香菜適量
· 熟白芝麻適量
· 米酒 3 大匙
· 檸檬片適量

〈醬料〉

· 醬油 2 大匙
· 蠔油 1 大匙
· 雞精少許
· 砂糖 1 小匙
· 醋 2 大匙
· 米酒 1 大匙
· 香油 1 小匙

■ **做法**

蛤蜊先放入鹽水中吐沙一晚。

薑和檸檬都切片。

將 1 大匙油倒入鍋中熱油，放入蒜末、辣椒末、蔥花、熟白芝麻爆炒至香氣散出。

另取一鍋，加入水、米酒 3 大匙、薑片煮滾。

接著放入所有海鮮、牛肉片汆燙熟，取出備用。

將醬料的所有材料倒入容器中拌勻，加入適量飲用水，調成自己喜歡的風味，即酸爽醬汁。

將酸爽醬汁倒入玻璃容器中，放入海鮮、牛肉片。

淋入做法 3 的提味香料，撒入香菜，再放上檸檬片即可。

蒜末、辣椒末越多，提味香料的風味更濃郁。一定要加入大量香菜，才能帶出湯汁的酸爽鮮味！

媽媽傳授清蒸吳郭魚

難易度 ▶ ★★★　零油煙 ▶

■ **材料**

- 吳郭魚 1 尾
- 青蔥 2 支
- 薑片少許
- 薑絲少許
- 辣椒 2 根
- 鹽適量

〈蒸魚汁〉

- 醬油 2 大匙
- 烏醋 1 大匙
- 米酒 1 大匙

■ 做法

購買經過處理的吳郭魚，腹部已被剖開。在魚身表面劃數刀利於入味。

在魚身抹上薄薄一層鹽。

1 支蔥切段，辣椒切段，薑切為薑片和薑絲。取一些薑片、蔥段塞入魚腹中，魚身鋪上些許薑絲、蔥段和辣椒段。

淋上蒸魚汁的所有材料。

將整盤魚放入蒸架上，外鍋倒入 1 杯水，蓋上鍋蓋，按下開關，蒸至開關跳起，魚肉熟透。

打開鍋蓋，取出整盤魚肉，並將 1 支蔥切絲，點綴在魚身之上即可享用。

銷魂豆皮三杯雞

重口味的料理，適合與三五好友配啤酒聊天的下酒菜。

難易度 ▸ ★★★　油煙度 ▸ ∫∫∫

■ 材料

- 雞腿約 200 克
- 九層塔 1 把
- 豆皮約 50 克
- 老薑 1 塊
- 辣椒末適量
- 蒜末適量
- 麻油 1 大匙

〈醃料〉

- 醬油 1 大匙
- 米酒 1 大匙
- 胡椒粉少許

〈醬料〉

- 醬油 2 大匙
- 蠔油 1 大匙
- 米酒 1 大匙
- 砂糖 2 小匙

■做法

將醃料的材料倒入容器中，放入雞腿塊醃約 10 分鐘。

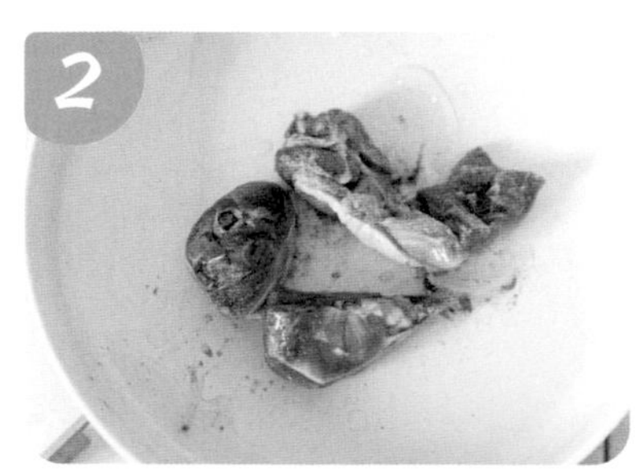

將雞腿塊放入平底鍋中，雞皮朝下，煎至雞皮出油，取出備用。

將麻油、老薑片、蒜末倒入平底鍋中，煸至老薑片微捲且變色。

放入煎過的雞腿塊。

加入醬料的材料、適量水煮至沸騰。

加入豆皮煮至收汁。

煮至醬汁收得剛好時，起鍋前放九層塔翻炒，以增加香氣。

最後撒入辣椒末即可。

起鍋後可以再放一些新鮮的九層塔增加色澤與香氣。

麻辣燙

難易度 ▶ ★★★ 油煙度 ▶ ﹩﹩﹩

或

■ **材料**

- 香菇 2 朵
- 蟹肉棒 3 條
- 丸子 3 顆
- 玉米筍 3 條
- 金針菇 1 把
- 王子麵 1 包
- 豆皮 2 塊
- 蒜末適量
- 熟白芝麻適量
- 蔥花適量
- 辣椒末適量

〈醬料〉

- 麻辣鍋鍋底 1/4 包
- 鮮奶 100 毫升
- 芝麻醬 2 大匙
- 醬油適量

■做法

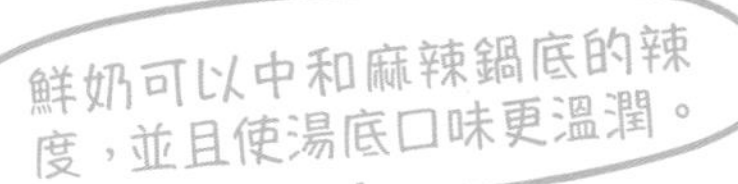

將麻辣鍋鍋底倒入鍋中煮滾。

加入鮮奶、醬油和適量的水煮滾。

將除了王子麵之外的所有食材，排入鍋中煮熟。

加入王子麵。

以湯汁的熱度將王子麵泡軟。

淋上芝麻醬，最後加入蒜末、熟白芝麻、蔥花和辣椒末即可。

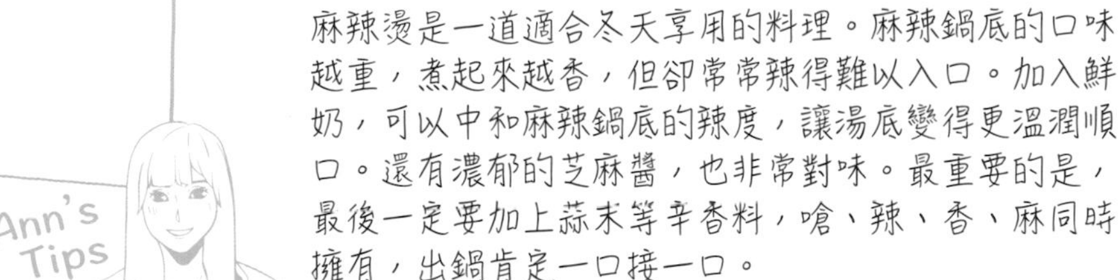

麻辣燙是一道適合冬天享用的料理。麻辣鍋底的口味越重，煮起來越香，但卻常常辣得難以入口。加入鮮奶，可以中和麻辣鍋底的辣度，讓湯底變得更溫潤順口。還有濃郁的芝麻醬，也非常對味。最重要的是，最後一定要加上蒜末等辛香料，嗆、辣、香、麻同時擁有，出鍋肯定一口接一口。

南瓜奶油雞肉斜管麵

難易度 ▸ ★★★　油煙度 ▸

■ **材料**

- ·斜管麵 1 人份
- ·帶皮雞肉塊約 200 克
- ·南瓜 1 顆
- ·洋蔥 1/4 顆
- ·奶油 1 塊
- ·鮮奶約 150 毫升
- ·蒜末適量
- ·鹽適量
- ·黑胡椒適量
- ·雞蛋 1 顆

■ **做法**

1 將南瓜去皮切塊後蒸熟，保留幾塊熟南瓜塊，剩下的壓碎，加入適量水煮至濃稠狀，即為南瓜泥。

2 備一鍋滾水，加入 1 小匙鹽煮斜管麵。煮約包裝上的建議時間少約 2 分鐘，撈出備用。

3 將油倒入鍋中熱油，放入蒜末、洋蔥丁末爆香。

4 鍋中放入雞肉塊煎熟。

5 加入南瓜泥、保留的南瓜塊。

6 加入斜管麵、1 杓煮麵的水、1 小匙鹽和鮮奶煮至收汁。

7 盛盤後，放入 1 小塊奶油，還可以撒上培根碎。

8 最後在中間放上 1 顆蛋黃，風味更濃郁。

將煎熟的培根切成碎末，即成培根碎。盛盤後撒上一些就能增色添香。蛋黃和奶油都會使醬汁更加濃郁順口。

酥皮馬鈴薯蛤蜊濃湯

難易度 ▶ ★★★　油煙度 ▶ SSS

■ **材料**

- 馬鈴薯 1 ～ 2 顆
- 洋蔥 1 顆
- 培根 1 片
- 蘑菇數朵
- 蛤蜊數顆
- 鮮奶油 3 大匙
- 酥皮 1 片
- 雞蛋 1 顆
- 鹽 1 小匙
- 奶油 1 小塊
- 黑胡椒適量

■ **做法**

將馬鈴薯削皮蒸熟，並壓碎成泥。

培根煎熟切碎，成了培根碎。

熱鍋後放入小塊奶油，待融化後放入培根碎、洋蔥丁翻炒。

鍋中加入馬鈴薯泥、適量水及 1 小匙鹽，並且加入鮮奶油煮滾。

放入切片的蘑菇、吐沙的蛤蜊，煮至濃稠，即成馬鈴薯蛤蜊濃湯。

烤盤中抹一層油，放上一片酥皮，酥皮表面抹上蛋黃液。

放入烤箱或氣炸鍋中，以 180°C烘烤 7～8 分鐘成膨脹的酥皮。

將馬鈴薯蛤蜊濃湯盛入容器中，蓋上酥皮即可。

若家中只有小烤箱或氣炸鍋，就可將酥皮和濃湯分開製作，一樣可以享用飽滿的酥皮濃湯。

櫻花捲捲鍋

難易度 ▸ ★★★　油煙度 ▸ ＄＄＄

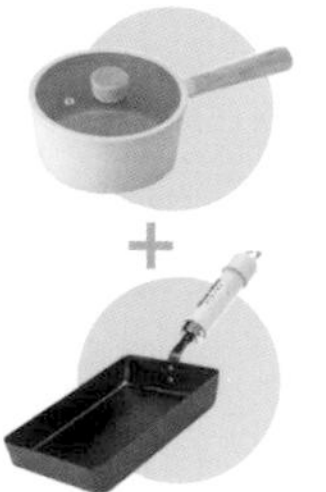

■ **材料**

- ·豬肉片約 100 克
- ·午餐肉 1/2 盒
- ·大白菜數片
- ·彩椒各 1 個
- ·雞蛋 2 顆
- ·鴻禧菇約 25 克
- ·雪白菇約 25 克
- ·新鮮香菇數朵
- ·小香腸數根
- ·蔥段適量
- ·增色用胡蘿蔔適量
- ·雞湯塊 1 塊
- ·醬油 1 大匙
- ·蒜末適量
- ·蔥花適量
- ·熟白芝麻適量

■ **做法**

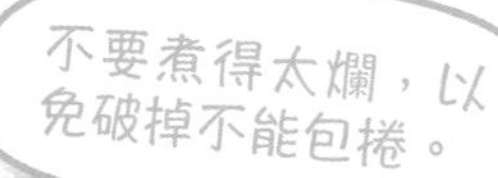

1 將水倒入湯鍋中煮滾，放入一片片大白菜煮軟，方便等一下捲起食材。

2 將油倒入鍋中熱油，倒入蛋液煎熟，煎成有厚度的塊狀，切成長條形。

3 放入切成條的午餐肉煎香，並且稍微焦。

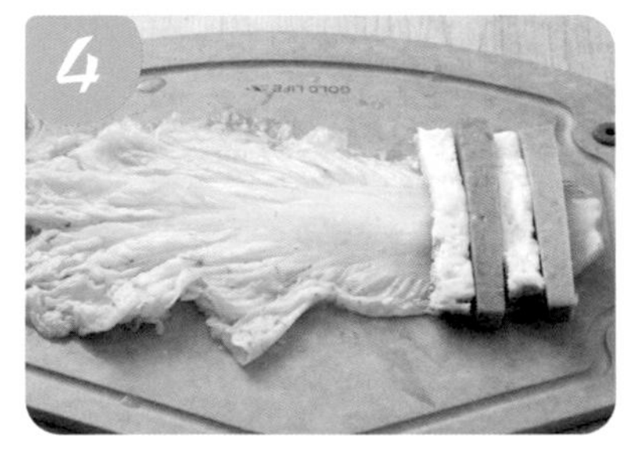

4 將大白菜鋪平，排入蛋條和午餐肉條。

5 慢慢捲起，再切對半。

6 也可以排入午餐肉條和彩椒條，慢慢捲起後切對半。

7 將大白菜捲在鍋中排好，放上香菇、其他菇類，倒入水淹過食材，加入雞湯塊和醬油煮滾。

8 撒上蒜末、蔥花、熟白芝麻更添風味。

還可以用白菜捲起小香腸，或用肉片捲起蔥段、彩椒，自由發揮更美味。此外，也可以切一些胡蘿蔔片增色喔！

smeg
義大利美學家電
SMEG

生活采家
全包覆矽膠工具
一體成型堅固耐用
做料理事半功倍
秘訣就是這些
電動胡椒罐
氣壓噴油瓶
烘焙矽膠調理三件組
更多詳情請至>>>
生活采家 為家而生 | www.shcj.com.tw

請貼足
8 元郵票

TO：朱雀文化事業有限公司

11052 台北市信義區基隆路二段 13-1 號 3 樓

《安安台北小日常！
1 個人的下班料理》
抽獎活動

買書寄回函，就有機會獲得各項經典好禮！

凡購買《安安台北小日常！ 1 個人的下班料理》，寄回抽獎回函（讀者須貼足郵票），即可參加抽獎活動，有機會獲得高 CP 值廚房器具好禮！好禮品項如下：

首獎 1名

義大利 SMEG 手持料理棒

貳獎 1名

NEOFLAM FIKA 系列
鑄造不沾烤盤 28CM

參獎 1名

NEOFLAM FIKA 系列
鑄造不沾雙耳低湯鍋 22CM

肆獎 1名

NEOFLAM FIKA 系列
鑄造單柄湯鍋 18CM

伍獎 3名

生活采家全包覆矽膠七件組

陸獎 6名

德國 SIEGWERK
琺瑯隨行杯

柒獎 7名

CLAIRE mini
cooker 電子鍋

捌獎 5名

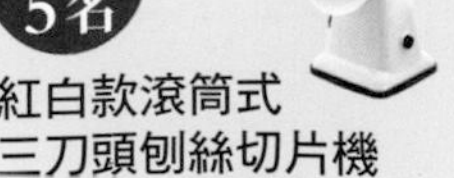

紅白款滾筒式
三刀頭刨絲切片機

◎ 所有贈品顏色隨機出貨

封口黏貼處（為作業方便，請以一般膠帶黏貼即可。）

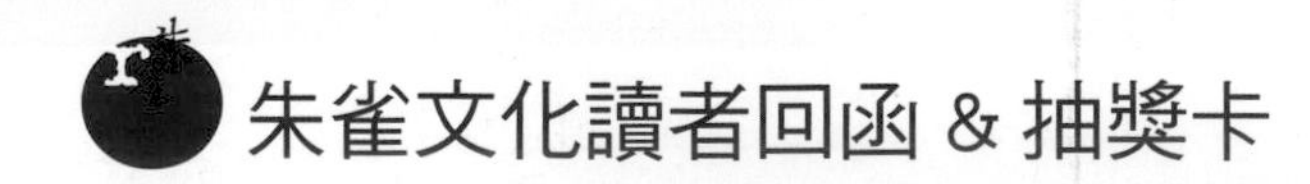

朱雀文化讀者回函 & 抽獎卡

《活動辦法》 請填妥以下資料並剪下寄出，於2023年1月20日前（以郵戳為憑）寄至「朱雀文化」參加抽獎，將有機會抽到好禮。

《抽獎結果》 獲獎名單將於2023年2月6～8日於朱雀文化臉書公布，並個別通知得獎者。（註：顏色隨機，贈品恕不退換，朱雀文化保留更改活動內容的權利。）

姓名：＿＿＿＿＿＿＿＿＿＿ 電話：＿＿＿＿＿＿＿＿＿＿

電子信箱：＿＿＿＿＿＿＿＿＿＿

地址：＿＿＿＿＿＿＿＿＿＿

最喜歡本書的地方是：＿＿＿＿＿＿＿＿＿＿

＿＿＿＿＿＿＿＿＿＿

最喜歡本書的單元是：＿＿＿＿＿＿＿＿＿＿

＿＿＿＿＿＿＿＿＿＿

希望朱雀以後出版哪方面的食譜：＿＿＿＿＿＿＿＿＿＿

從哪裡得知本書出版資訊

□網路（□朱雀官網 & FB & IG □其他網路＿＿＿＿＿＿）

□朋友介紹□書店現場□其他

從何處購買本書

□實體書店（□金石堂□誠品□三民□紀伊國屋）

□其他書店

□網路書店（□博客來□金石堂□誠品□其他網路書店＿＿＿＿＿＿）

□其他

購買本書的原因（可複選）

□主題□作者□出版社□設計□定價□贈品□其他